电气设备品控技术监督系列

变电品控监造案例分析

孙 灿 吴 波 钱国超 / 编著

西南交通大学出版社
·成 都·

内容简介

变电设备监造是电力工程建设物资品控的重要手段之一，特别是高压主设备，由于其造价贵、周期长、运输难等特点，在生产制造期间，加强对主设备的监造力度，高效地把握住设备制造过程中的关键点，对提高设备制造质量，确保工程建成零缺陷投产的目标，以及在运行阶段设备的健康稳定，极大减少运维人员的工作量都有着极其重大的意义。

公司结合多年品控监造的实践经验，"以案促改，以案促质"的目标把问题控制在前端，抓早抓小，全面梳理出变电品控监造典型案例。

本书主要内容包括变压器、断路器、组合电器、互感器等主设备典型案例，通过对事故前后进行系统分析，归纳总结出事故处理和分析的方法，提出了有针对性的处理措施，对开展品控监造工作具有较强的实践指导意义。

本书可供从事电力设备设计制造、技术监督及运行维护的技术和管理人员使用，也可供电力类院校的教师和学生参考。

图书在版编目（CIP）数据

变电品控监造案例分析 / 孙灿，吴波，钱国超编著
. 一成都：西南交通大学出版社，2021.12
ISBN 978-7-5643-8482-1

Ⅰ. ①变… Ⅱ. ①孙… ②吴… ③钱… Ⅲ. ①电力设备－制造－质量监督－案例 Ⅳ. ①TM405

中国版本图书馆 CIP 数据核字（2021）第 267553 号

Biandian Pinkong Jianzao Anli Fenxi

变电品控监造案例分析

孙　灿　吴　波　钱国超　编著

责任编辑	李华宇
封面设计	阎冰洁

出版发行	西南交通大学出版社 （四川省成都市金牛区二环路北一段 111 号 西南交通大学创新大厦 21 楼）
邮政编码	610031
发行部电话	028-87600564　　028-87600533
网址	http://www.xnjdcbs.com
印刷	四川玖艺呈现印刷有限公司

成品尺寸	185 mm × 240 mm
印张	15.25
字数	279 千
版次	2021 年 12 月第 1 版
印次	2021 年 12 月第 1 次
书号	ISBN 978-7-5643-8482-1
定价	68.00 元

编委会

当前，开展变电设备监造已成为电网公司的常态化业务，设备监造能够保证设备进度和质量。近年来，随着我国经济建设的高速发展，用电需求急剧增长，对电网建设的需求亦日益强烈，部分主流供应商产能不足情况逐渐暴露，通过监造能够实时掌握设备制造进度，督促供应商按照订货合同准时履约。与此同时，监造人员依据国家、行业相关标准和设备供货合同（包括技术规范书），适当兼顾电网公司反事故措施、最新管理规定开展监造，督促供应商严格落实相关技术要求，当相关要求与供应商工艺文件存在冲突时，可及时进行协商解决，保证设备质量。

监造人员作为监造工作实施的主体，其技能水平高低直接影响监造质量。为及时总结经验教训，提高监造人员的技能水平，防止类似质量问题重复发生，或者质量问题发生后能快速、有效处理，本书收集了云南电网公司内的变压器、断路器、组合电器、互感器等主设备典型案例，以图文并茂的形式，介绍案例的处理和分析方法，提出了切实有效的处理措施，供读者学习和借鉴。

本书由云南电网有限责任公司孙灿、余云江、王曙光、颜自祥、程亚晶、朱昆等及云南电网有限责任公司电力科学研究院吴波、钱国超、宋洁等编著。全书由孙灿、吴波、钱国超进行统稿及审阅，刘润珍、陈文俊、段俊丞、石卓义、宋洁、唐标、王飞、孙董军、王山、何顺、杨明昆、邹德旭、颜冰、彭兆裕、马宏明等专家对编写工作给予了大力支持和热情帮助，在此深表敬意，谨致谢意。

本书在编辑出版过程中，得到了云南电网有限责任公司供应链管理部、云南电网有限责任公司电力科学研究院、云南电网物资有限公司的领导和专家的大力支持与指导，在此一并致谢。

由于技术水平和时间有限，书中难免存在遗漏之处，恳请各位专家及读者不吝赐教，不胜感激。

编 者

2021 年 12 月

变压器（电抗器）篇

±500 kV 换流变绝缘纸板质量不良引起局放超标问题

监督专业：绝缘监督　　　　　　　监督手段：出厂试验
监督阶段：出厂见证　　　　　　　问题来源：设备制造

1　监督依据

　　GB/T 18494.2—2007《变流变压器 第 2 部分：高压直流输电用换流变压器》第 11.4.3 条规定，应开展局部放电测量。

　　《中国南方电网有限责任公司换流变技术规范书》第 6.3.11 条中规定，在 $1.5U_m / \sqrt{3}$ 的第二个 60 min 内，网侧和阀侧的视在放电量不超过 100 pC，且局部放电特性无持续性上升的趋势。

2　案例简介

　　2015 年 3 月 30 日，运检人员对某±500 kV 换流变出厂试验见证过程中，在进行长时感应电压试验时出现多次局放超标现象。解体检查发现网侧出线装置与夹件之间放置的一张纸板表面颜色存在异常，经分析认为：该产品局放超标与该纸板的浸油性不到位有关。

3　案例分析

3.1　试验描述

　　该 YD 型换流变压器在进行长时感应电压试验时出现多次局放超标现象，具体如下：

　　1. 首次发现局放信号

　　（1）采用第一台局放仪测试；当施加到 $1.1U_m / \sqrt{3}$ 时，网侧 1.1 端末屏采集到的局放量达 300 pC 左右，中断试验。

（2）为了排除局放仪引起的干扰，更换另一台四通道局放仪同时采集 3.1 端局放信号（即 1.1 和 3.1 各用一台局放仪）。升压至$1.1U_\mathrm{m}/\sqrt{3}$时局放正常，继续升压至$1.5U_\mathrm{m}/\sqrt{3}$时网侧 1.1 端局放达 800 ~ 2 000 pC，再次中断试验。

（3）为了增加排查范围，次日早上再增加一台局放仪，分别采集阀侧 3.2、铁心、夹件、中变等处的局放信号。测试过程中局放仍时有发生，不能在 60 min 内保持稳定且低于 100 pC，局放响应波形见图 1。

处理措施：抽出部分油（约 50 L），对变压器进行抽真空处理（真空度 60 Pa 左右保持 24 h），然后再注油，静置 72 h 后再做试验。

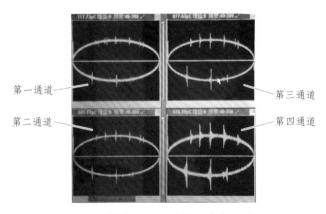

图 1　首次出现局放波形响应图谱

2. 二次排查

二次排查时电压施加到$1.1U_\mathrm{m}/\sqrt{3}$，网侧 1.1 端末屏采集到的局放量为 50 pC 左右；电压施加到$1.5U_\mathrm{m}/\sqrt{3}$，持续 1 min 后，网侧 1.1 端出现局放量且持续升高，2 min 时达 6 000 pC 左右，仍有上升趋势，中断试验。

处理措施：被试设备再静置 48 h。

3. 三次排查

重新搭接高压加压引线及均压环，用裸铜线连接高压套管出线端与均压环，并用螺丝上紧。再次升压至$1.1U_\mathrm{m}/\sqrt{3}$，约 2 min 后网侧 1.1 端局放达 650 pC，中断试验。

根据多次局放测试结果及局放定位分析，确定局放点位于网侧出线装置位置，同时对铁心和夹件进行局放监测，变压器夹件局放较大。针对以上现象，对变压器进行排油内检。

3.2 故障排查及处理

对油箱进行排油至压板以下，并将网侧套管拔出和升高座拆除，从网侧升高座处对出线装置进行检查，检查结果如下：

（1）如图 2（a）所示，网侧套管插入深度满足要求，网侧套管与均压球之间的距离满足要求；出线装置表面无异常；夹件腹板表面无异常，上夹件下部屏蔽线和屏蔽帽完好；对器身表面检查无异常。

（2）如图 2（b）所示，网侧出线装置与夹件之间放置的一张纸板表面颜色存在异常，其他纸板正常；该纸板在浸油后各处的颜色不同；针对内检结果，怀疑该产品局放超标与该纸板的浸油性不好有一定的关系。针对以上分析，进行如下处理：

① 重新制作纸板，将该纸板进行更换；

② 对变压器重新抽真空、注油、静放；

③ 对变压器重新进行试验。

该换流变压器经处理后重新进行试验，结果合格。

（a）网侧出线装置　　　　　　　（b）出线装置与夹件之间的纸板

图 2　出线装置检查结果

3.3 原因分析

此产品发生局放超标后，将其与同型号产品的整个生产工艺处理过程进行了梳理和对比，发现：

（1）该台产品在注油时真空度略大（但符合工艺标准）。

（2）定位处发现问题的纸板表面颜色与其他纸板不同，存在异常。

（3）更换该纸板后完成全套出厂试验，试验合格。

因此，认为该产品局放超标与该纸板的浸油性不到位有关。

4　监督意见

　　变压器设备出厂验收时，应严格按照技术规范书开展各项检查和试验，局放等绝缘类试验务必派驻有经验的工程师重点关注，必要时对生产及试验过程中的数据进行横向、纵向对比，发现的问题应追根溯源，对厂家消缺过程也应重点追踪见证，确保在出厂前彻底消除隐患。

±500 kV 换流变阀侧引线操作冲击试验击穿

监督专业：绝缘监督   监督手段：出厂试验

监督阶段：出厂见证   问题来源：设备制造

1 监督依据

GB/T 18494.2—2007《变流变压器 第 2 部分：高压直流输电用换流变压器》第 11.4.1 条规定，应开展操作冲击试验。

《中国南方电网有限责任公司换流变技术规范书》第 6.3.14 条中规定，应按照 GB/T 16927.1—2011《高电压试验技术 第 1 部分：一般定义及试验要求》的规定进行试验。试验电压为负极性，外施操作冲击耐压试验应在连接在一起的阀侧绕组线段和地之间进行，网侧绕组接线端应接地。试验过程中应能承受三次 100%全电压下冲击，不发生电压突降或设备击穿。

2 案例简介

2015 年 5 月 25 日，业主代表对某±500 kV 换流变出厂试验见证过程中，在进行阀侧绕组连同套管操作冲击试验过程中 100%试验电压下绝缘击穿，乙炔含量超过注意值（实测 1.52 μL/L）。解体检查发现换流变阀侧绕组 2.1 端引线对地形成贯穿性放电通路。

3 案例分析

3.1 试验描述

（1）故障击穿：

该台换流变压器（YY 型）在进行阀侧外施操作冲击试验时，50%试验电压下操作冲击波形见图 1。而第一次 100%试验电压下换流变压器内部击穿，见图 2。

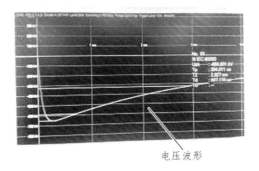

电压波形

图 1   50%试验电压下波形

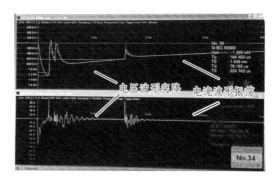

图 2   第一次 100%试验电压下波形

（2）故障后油色谱分析及故障查找：

① 换流变压器击穿后进行了短路阻抗试验及套管的介损试验，试验合格；

② 2 h 后，进行了油样分析，C_2H_2 含量超标，油箱上部为 1.52、中部 0.39、下部 0.61；

③ 放油后，于次日进行内检发现阀侧 2.1 端子引线（上部）柱 I 出头位置绝缘破损，见图 3。

图 3   阀侧 2.1 引线（上部）柱 I 出头位置

3.2 解体检查

为了查明故障的原因，将换流变压器吊罩，并对器身进行干燥脱油。于半月后进行故障部位的解体检查，明确了阀侧绕组 2.1 端引线为本次故障位置，见图 4。

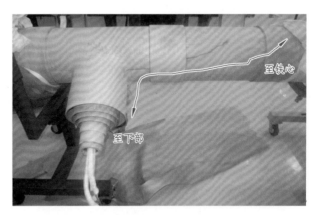

图 4　阀侧 2.1 引线外观

3.3 原因分析

从解体情况来看，可以明确故障的放电路径为两个方向，一侧是沿着引线角环击穿→铁心压装绝缘垫块→铁心上夹件；另一侧是引线角环击穿→阀侧线圈静电环处（三个明显放电点）。从可能的故障起源点进行分析：

（1）由于铁心压装绝缘垫块与铁心上夹件外部均有轻度放电烧蚀痕迹，但铁心夹件接地，初步判断为放电起源的可能性不大，铁心夹件上的放电痕迹仅反映在绝缘件表面，痕迹较浅，见图 5；结合解体阀侧 2.1 引线情况，引线的第一层角环内部放电烧蚀严重，如果铁心上夹件为起源点，那么铁心夹件处的烧蚀痕迹应比引线角环内部严重，可以初步判断故障起源点不在铁心上夹件处，见图 6。

（2）由于静电环上有三个放电点，则初步判断静电环为放电起源点的可能性不大，因为阀侧线圈与静电环为等电位，则线圈受损可能性不大；结合被击穿角环放电烧蚀痕迹为树枝状，进一步印证了静电环不是故障起源点。

综合分析，故障起源点应在阀侧 2.1 引线第一层角环的内部，沿着上部的铁心上夹件与下部的阀侧线圈静电环两个路径放电。

图 5　铁心夹件上的放电痕迹

图 6　第一层角环放电烧蚀最严重部位

4　监督意见

　　变压器设备出厂验收时，绝缘类试验容易发现缺陷，务必派驻有经验的工程师现场见证，必要时对生产过程中的数据进行横向、纵向对比，对发现的问题追根溯源，对厂家消缺过程也应重点追踪见证，确保在出厂前彻底消除隐患。

500 kV 并联电抗器乙炔超标异常

监督专业：绝缘监督 　　　　　　监督手段：预防性试验
监督阶段：设备运维 　　　　　　问题来源：设备制造

1　监督依据

　　Q/CSG 1206007—2017《电力设备检修试验规程》第 6.1.1 条中表 1 规定，运行变压器油中溶解气体含量 C_2H_2 应小于 1 μL/L（注意值）。

2　案例简介

　　某 500 kV 变电站并联电抗器 C 相自 2020 年 6 月 18 日投运以来，在线油色谱 6 月 27 日开始出现痕量乙炔（0.42 μL/L），逐渐上升至 9 月 3 日的 2.44 μL/L。为查明高抗出现乙炔的原因，9 月 4 日至 22 日，开展了该台电抗器的在线与离线油色谱和油中微水测试、重症监护系统数据分析、振动测试分析、电抗器排油内检。排油内检之后乙炔继续增长，2021 年 4 月 12 日至 13 日设备返厂解体，发现高抗异常原因为铁心压紧系统压紧力不足，运行过程中铁心饼带动上铁轭振动，导致高抗振动异常，同时上铁轭与短片间可能存在接触不良，造成间歇性低能放电。

3　案例分析

3.1　油化试验

　　C 相高抗 9 月 3 日后乙炔含量绝对值大于规程要求值 1 μL/L，根据 7 月 23 日—9 月 3 日数据计算乙炔绝对增长速率为 0.8 mL/d（超过 DL/T 722 规程值 0.2 mL/d）、总烃气体绝对增长率为 7.1 mL/d（未超过 DL/T 722 规程值 12 mL/d）；总烃相对增长率为 363%，超过检修试验规程值 10%/月，具体见表 1。根据三比值法编码为 102，表征高抗内部发生电弧放电故障。

表1　500 kV 高抗 C 相投运后油色谱数据

H_2	CO	CO_2	CH_4	C_2H_6	C_2H_4	C_2H_2	总烃	分析日期	备注
14.56	49.73	140.91	2.15	0.48	0.79	0.19	3.62	2020-6-24	
18.29	67.24	195.63	3.12	0.45	1.07	0	4.65	2020-6-30	
18.2	96.83	266.2	2.71	0.45	0.34	0	3.5	2020-7-23	
28.32	155.02	534.19	11.05	2.14	7.21	2.17	22.57	2020-9-3	
31.59	160.48	486.64	11.03	2.09	7.27	2.16	22.55	2020-9-4	取样三次
37.11	178.33	533.1	12.2	2.49	8.36	2.43	25.48	2020-9-4	
38.75	177.61	518.59	12.22	2.35	8.04	2.43	25.04	2020-9-4	
38.76	178.3	558.56	12.4	2.13	7.86	2.16	24.55	2020-9-4	某单位复测
31.65	139.05	378.74	9.46	1.72	5.85	1.68	18.71	2020-9-4	
38.4	174.53	469.31	12.38	2.08	7.15	2.1	23.71	2020-9-5	

注：上述气体单位均为 μL/L。

3.2　重症监护系统数据分析

通过重症监护系统超声和高频局放测试，发现异常如下：

（1）超声测试数据异常，C 相高抗超声局放幅值最大的三个传感器幅值大于 100 mV，波形见图 1，对比 A 相和 B 相，超声幅值小于 10 mV，见图 2 和图 3。

（2）高频数据异常，选取 40 ~ 300 kHz、1 ~ 5 MHz、10 ~ 20 MHz 三个频带，分别对 C 相高抗进行高频局放测试，均发现铁心处出现异常信号，见图 4 ~ 图 6。

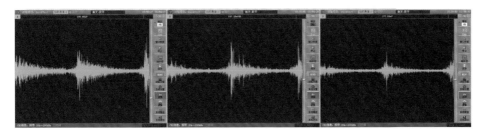

图 1　C 相高抗超声局放最大三个幅值波形

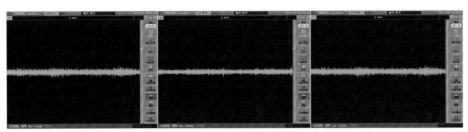

图 2　A 相高抗超声局放最大幅值波形（位置同 C 相）

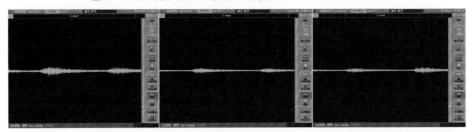

图 3　B 相高抗超声局放最大幅值波形（位置同 C 相）

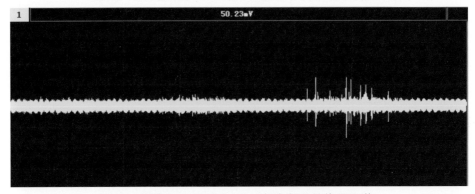

图 4　频带 40～300 kHz 下 C 相高频局放信号图谱

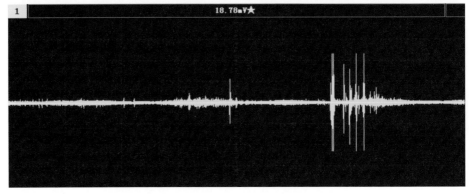

图 5　频带 1～5 MHz 下 C 相高频局放信号图谱

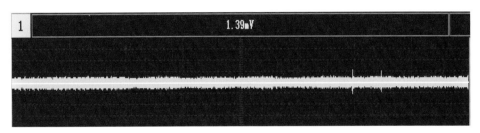

图 6　频带 10~20 MHz 下 C 相高频局放信号图谱

对高抗 B、C 相高频检测对比，在高压电抗器 C 相内均存在异常放电信号。

3.3　振动测试分析

经振动测试发现，C 相高抗各布点振动加速度明显高于 A 相和 B 相。相同位置下 C 相高抗振动加速度最大值约为 45 m/s²，A 相和 B 相为 10 m/s²，且存在大量高频杂波，表明 C 相高抗内部存在金属连接部位固定螺栓松动引起振动信号增强，与局放信号表征印证，见图 7 和图 8。

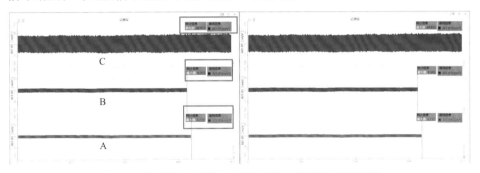

图 7　三相高抗 A 面和 B 面时域最大振动加速度图谱

图 8　三相高抗 A 面频域图谱

3.4　返厂情况

2021 年 4 月 12 日至 13 日，并联电抗器 C 相返厂解体检查。

发现异常：铁心压紧系统拆卸压力降低。

拆解上铁轭时，逐个检查压钉情况，四点器身高度无异常，见图9。铁心压紧系统拆卸压力为29 MPa，约为出厂时拆卸压力的80%，低于厂家控制标准要求（36 MPa）。设计值为36 MPa，在该情况电抗器辐向振动无法很好地抑制，易导致上铁轭与短片接触不良，造成间歇性低能放电情况，见图10。

图 9　油箱与磁屏蔽

图 10　铁心压紧系统拆卸压力测量情况

3.5　原因分析

结合现场检查、油色谱分析、能谱检测及返厂检查等综合分析该500 kV高压电抗器C相油色谱异常的原因为：铁心压紧系统压紧力不足，运行过程中铁心饼带动上铁轭振动，导致高抗振动异常，同时上铁轭与短片间可能存在接触不良，造成间歇性低能放电。

4 监督意见

加强变压器监造过程中对铁心绕组等压紧力的监督，铁心压紧系统的压紧力等设计参数应符合设计要求值，避免压紧系统出现过松或过紧的情况。按照相关规程加强在运同厂同型电抗器日常巡维及专业巡维，充分利用主变带电局放监测、油色谱分析等手段对设备进行状态监测，发现异常及时处理。

品控技术监督应注意举一反三，归纳各个厂家的工艺特点，针对不同厂家的工艺薄弱点，进行差异化监督，在品控阶段发现工艺问题后，应对在运同厂同型号在运产品进行销号式排查，做实设备全寿命周期技术监督。

500 kV 变压器密封圈质量问题导致的油中微水超标

监督专业：制造监督　　　　　　监督手段：电气试验
监督阶段：设备运维　　　　　　问题来源：设备制造

1　监督依据

Q/GDW 1168—2013《输变电设备状态检修试验规程》第 6.1.1.2 条中规定，运行变压器油中的水分含量（mg/L）：110 kV 及以下≤35；220 kV≤25；500 kV≤15。

2　案例简介

2018 年 9 月 8 日，运检人员对某 500 kV 变电站 1 号主变（型号：ODFS-250000/500）油中微水检测发现，变压器本体油中微水含量超标（实测 22.03 mg/L，不应大于规程要求 15 mg/L），见表 1。经试验和检查发现，主变中性点套管顶部密封圈一处轻微破损、三颗密封螺栓的丝牙有不同程度锈蚀，套管顶部压接面测量锈蚀，拉杆的垫圈有锈蚀痕迹（套管内部）。

表 1　本体及中性点套管微水测试数据

测试时间	测试位置	实测值/（mg/L）
2018-10-19	变压器本体油	22.03

3　案例分析

中性点套管拔出检查：

拔出中性点套管后，检查发现套管顶部进水受潮；

套管顶部密封圈一处轻微破损、三颗密封螺栓的丝牙有不同程度锈蚀，套管顶部压接面测量锈蚀，拉杆的垫圈有锈蚀痕迹（套管内部），见图 1~图 4。

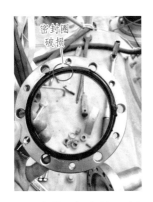

图 1　套管顶部密封圈破损

图 2　三颗密封螺栓的丝牙不同程度锈蚀

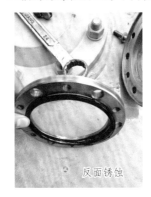

图 3　套管顶部压接面的正反面均有锈蚀痕迹

图 4　拉杆的垫圈有锈蚀痕迹

4 原因分析

结合试验数据、现场检查进行综合分析，认为本台主变本体油中微水超标原因如下：

中性点套管顶端密封圈轻微破损、进水受潮，随着外界温度的变化和时间的推移，破损密封圈附近的螺栓丝牙及密封圈表面形成不同程度的锈蚀。

5 监督意见

更换密封圈后，为排除水分会继续沿套管尾部绕组出线继续下渗的可能，对中性点套管绕组引出线的纸包绝缘进行 100 mm 检查，视检查情况增加绝缘包裹检查长度，必要时检查绕组引出线尾端。

变压器设备现场安装时，除严格开展各项检查和试验外，还应注意检查各组部件及零件到货完好性，加强施工关键点监督，发现问题整改措施要全面，不应遗漏衍生缺陷的排查。对于问题多发的变压器及组部件供应商，应对其入网产品进行抽样检测。

500 kV 变压器异物附着导致的内部放电异常

监督专业：制造监督　　　　　　　监督手段：电气试验
监督阶段：设备运维　　　　　　　问题来源：设备制造

1　监督依据

Q/GDW 1168—2013《输变电设备状态检修试验规程》第 6.1.1.2 条中规定，运行变压器油中溶解气体含量（µL/L）超过以下数值时应引起注意，C_2H_2：5（35~220 kV）；1（500 kV 及以上）。

2　案例简介

2018 年 9 月 8 日，运检人员对某 500 kV 变电站 1 号主变（型号：ODFS-250000/500）C 相油色谱分析发现乙炔超标，达 3.2 µL/L（规程要求值≤1 µL/L）。经试验和检查发现，主变中性点套管尾端接线底座（紫铜材质）外表面存在黑斑，侧面附着直径约 3 mm、厚度约 1 mm 的黑状物，套管尾部下瓷件表面有多条黑色痕迹。

3　案例分析

3.1　油色谱分析

从 2018 年 9 月 17 日至 9 月 26 日，油样色谱监测次数转为 1 天 1 次，乙炔含量在 3.7~4.4 µL/L 变化，出现的乙炔最大值为 9 月 21 日测试的 4.4 µL/L，乙炔没有明显的增长趋势，其他成分未见异常。

3.2　排油内检

排油后从中压侧套管底部的手孔门进入变压器油箱内检，检查了油箱壁表面磁屏蔽螺栓和屏蔽盖、铁心、夹件及铁扼、无励磁分接开关以及中性点套管等部件，发现两起异常问题。

（1）低压侧上夹件右侧第二个定位装置旁的绝缘件上有疑似放电的黑色痕迹，夹件上有黑灰色物质流动痕迹，见图1。

图1 低压侧上夹件附近的绝缘件及夹件上的黑色痕迹

（2）主变中性点套管尾端接线底座（紫铜材质）外表面存在黑斑、侧面附着直径约3 mm的黑状物，套管尾部瓷套表面有多条黑色痕迹，见图2。

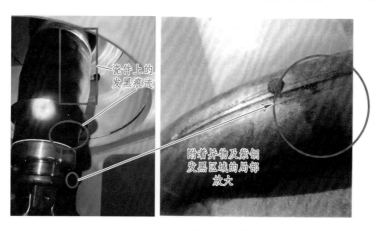

图2 中性点套管外观异常情况

（3）初步分析：

低压侧上夹件右侧第二个定位装置旁的绝缘件上的黑色痕迹用洁净白布擦拭后可观察，无气味、无油泥，应为顶部定位装置绝缘件在运输过程中摩擦产生的粉末。然而，中性点套管下瓷件、尾端接线底座及黑色附着物的产生怀疑有过热及放电发生。

3.3　中性点套管拔出检查

拔出中性点套管后，检查发现套管顶部固定拉杆的螺栓力矩仅 70 N·m（初始安装为 120 N·m），套管尾部的接线端（黄铜材质）导流接触面有炭黑，紫铜接线座有多处黑斑，下瓷件表面有多处黑色痕迹，外表面有直径 3 mm、厚度 1 mm 左右的黑色附着物，见图 3 和图 4。

图 3　套管尾部的接线端（黄铜材质）导流接触面有炭黑

图 4　紫铜接线座有多处黑斑

3.4　异物材质鉴别

为明确主变中性点套管尾端接线底座（紫铜材质）外表面附着黑色异物（直径约 3 mm，厚度约 1 mm）的组成成分，取样将其带回云南省分析测试中心进行了电子探针微区显微分析（EMPA）和 X 射线衍射技术测试（XRD），异物样品的主要组成元素为碳（C），物质为非晶。

3.5 套管结构分析

某公司 GOE 型套管采用拉杆式固定结构，套管下部的紫铜接线座通过拉杆与套管底部的黄铜载流底板相接触，进行导流，内部结构见图 5。

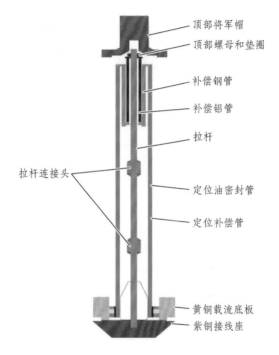

图 5　某公司 GOE 型拉杆式套管内部结构

3.6 存在隐患

了解到国内某换流站的该公司 GOE 型套管因拉杆受力问题引起了换流变的绝缘击穿故障，梳理此类型套管在运行中因拉力过松和过紧会存在两种故障隐患：

（1）拉力过松。

①紫铜接线端子与套管黄铜导流体间接接触不良导致局部高温过热；

②部分电流会分流至拉杆，使拉杆系统（包括补偿铝管和钢管）低温过热；

③ 载流紫铜连接端子与黄铜底板间过热严重时会产生大量可燃性气体，可能导致变压器主绝缘击穿。

（2）拉力过紧。

① 紫铜接线端子螺纹变形松动，引起接触不良和局部的高温过热；

② 紫铜接线端子螺纹拉损，严重时紫铜接端子脱落，导致变压器主绝缘击穿。

本次检查发现 1 号主变 C 相中性点套管拉杆上也有多处过热发黑痕迹，见图 6。

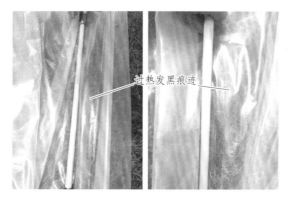

过热发黑痕迹

图 6　1 号主变 C 相中性点套管拉杆表面都出发黑痕迹

4　原因分析

结合现场检查、设备运维、异物材质鉴别、套管结构、返厂试验和解体检查进行综合分析，认为本台主变中性点套管紫铜与黄铜连接区域过热发黑及主变本体油中乙炔超标异常情况的原因如下：

（1）中性点套管紫铜与黄铜连接区域过热发黑。

现场检查发现中性点套管紫铜连接座外表面、黄铜与紫铜对接面、拉杆表面及下瓷件外表面大片发黑痕迹，前三起异常表象的原因为拉杆受力过松（实测 70 N·m，远低于新安装时的 120 N·m），加之底座接触面不平整（缝隙 0.15 mm），导致紫铜接线座与黄铜对接面接触不良发热，长期运行后过热发黑情况持续恶化。

另外，因下瓷件本身不导流，结合在线油色谱分析数据推测中性点套管过热始于 2018 年 7 月，其外表面大片发黑痕迹可能是中性点套管处放电和过热产生的炭黑等物质长时间附着形成。

（2）乙炔超标。

对套管紫铜接线座上的黑色附着物（直径约 3 mm，厚度约 1 mm）进行电子探针微区分析和 X 射线衍射检测，确定样品为非晶物质，主要元素为碳（C）。

其表面含有的元素为 C、O、S 和 Cu（可能含有 H 元素），且表面为黑色物质沉积，考虑由这四种元素组成的黑色固体物质可能有炭黑（C）、硫化亚铜（Cu_2S）、氧化铜（CuO）或其中两种或多种物质的混合物。在变压器油中要产生以上三种物质大致需要的温度条件为 1 000 ℃（CH_4 高温分解）、400 ℃（Cu 与油中游离 S 中温过热反应）和 200 ℃（Cu 和 O 低温过热反应），正常变压器运行时温度在 105 ℃ 以下（A 级绝缘设备运行时不应超过 105 ℃），远达不到产生上述三种黑色物质的生成条件。

黑色附着异物本身为非晶物质（怀疑为塑料片），可能为安装时不慎掉入主变内，随着变压器油的流动偶然地附着在中性点套管紫铜接线座上，而紫铜接线座为发热导流部件，所以长时间粘在紫铜表面。

因此，认为本台主变内部产生乙炔的诱发原因为：拉杆受力过松引起套管下部紫铜与黄铜连接部位接触不良导致发热，附着异物表面的 Cu 与油中 O 和 S 在过热条件下生成了 CuO 和 Cu_2S 等导体类物质通过大电流产生了一次高能量放电，生成了炭黑。

2018 年 11 月 6 日更换中性点套管后对 1 号主变 C 相的油色谱跟踪，乙炔数据含量显示第三天后出现 0.1 μL/L，18 天后 0.2 μL，19 天后出现 0.3 μL/L，油色谱数据中乙炔含量稳定在 0.3 μL/L，其余故障性特征气体含量正常。间接表明痕量乙炔为主变器身内部残余的乙炔，随着运行时间推移逐渐渗漏引起。

5   监督意见

变压器本体因为其封闭性，如有异物入侵会很容易造成局部过热和放电，故在变压器总装和现场安装时，应严格检查施工环境，列账清点施工材料，防止异物入侵问题。同时对于产品确有家族性缺陷的，应全面排查在运存量情况，评估设备实时状态，后续安排整改或更换。

500 kV 油浸电容式套管内部放电绝缘异常

监督专业：绝缘监督　　　　　　　　监督手段：预试试验
监督阶段：设备运维　　　　　　　　问题来源：设备制造

1　监督依据

QB 50150—2016《电气装置安装工程　电气设备交接试验标准》第 15.0.5 条规定，套管主绝缘介质损耗因素不超过 0.5%。

Q/CSG 1206007—2017《电力设备检修试验规程》第 20 条中表 57 规定，油纸电容型套管的 tanδ（%）应不大于 0.8。

2　案例简介

2015 年某月，在 500 kV 某主变开展预试时，发现某 500 kV 变电站 1 号主变 A 相高压套管在 2011 年预试时介损为 0.468%，在最近一次预试时介损为 0.466%。经检查，该套管与系统内经解体确认存在缺陷的套管为同型同工艺产品。为检查该套管是否存在缺陷，防止缺陷恶化造成严重后果，对该套管进行停电试验检查，介损值为 0.444%，与往年相比变化率不大，但色谱分析时发现异常，油中氢气、乙炔、总烃超标。套管返厂解体检查，铝箔搭接处深色的线条痕迹是褪色的胶，黑色斑点可能是烧灼痕迹，但具体原因待后续研究。

3　案例分析

3.1　现场试验

2015 年某月，在 500 kV 某主变开展预试时，发现某 500 kV 变电站 1 号主变 A 相高压套管在 2011 年预试时介损为 0.468%，在最近一次预试时介损为 0.466%，虽比较稳定，但 A、B、C 三相横向对比时相差较大，B、C 两相套管两次预试数据均在 0.4% 以下，具体试验数据见表 1 和表 2。经检查，该套管与系统内经解体确认存在缺陷的套管为同型同工艺产品。为检查该套管是否存在缺陷，防止缺陷恶化造成严重后果，对该套管进行停电试验检查，介损值为0.444%，与往年相比变化率不大，但色谱分析时发现异常，油中氢气、乙炔、总烃超标。

表 1　主变高压侧套管主绝缘介损

相别	Tanδ/%				
	2016 年普测	2013 年预试	2011 年预试	2008 年预试	2006 年交接
A_H	0.444	0.466	0.468	0.415	0.552
B_H	0.433	0.415	0.396	0.43	0.411
C_H	0.42	0.408	0.395	0.415	0.39

表 2　套管本体色谱分析数据

分析项目	CH_4	C_2H_4	C_2H_6	C_2H_2	H_2	CO	CO_2	总烃	水分/（mg/L）
测试值	2 440.7	1.2	353	0.3	16 629.6	258.7	534.2	2 795.1	8.4
注意值	≤500	—	—	≤100	—	—	≤2	—	
备注	单位：μL/L								

油中溶解气体分析：

（1）电协研三比值分析，电协研三比值编码为 110，故障类型为电弧放电、局部放电等故障。

（2）热点故障温度估算采用日本月冈等人推荐的三比值 C_2H_4/C_2H_4、CH_4/H_2、C_2H_4/C_2H_6 与温度的关系，计算公式为

$$T=322\log（C_2H_4/C_2H_6）+525$$

通过普测时油色谱分析数据计算故障温度点温度已达 600 ℃，为中温过热现象。

（3）CO 和 CO_2 含量分析。

当故障涉及固体绝缘时，会引起 CO 和 CO_2 含量明显增长，一般当设备固体绝缘材料老化时，CO_2 与 CO 的比值大于 7。当故障涉及固体绝缘材料时（高于 200 ℃），可能 CO_2 与 CO 的比值小于 3。根据故障变压器的实测数据显示，CO_2 与 CO 的比值为 2.06（小于 3），因此判断放电故障可能涉及固体绝缘。

为进一步查明套管内部缺陷情况，将该套管在厂家进行解体检查分析。

3.2 返厂情况

在高压介损试验中，10 kV 下介损测试结果比在 500 kV 现场测试略高（现场为 0.444%，ABB 为 0.54%），随着试验电压的增加介损有上升的趋势，施加电压为 160 kV 后有下降的趋势；升压过程中测试结果与降压过程中的测试结果也基本一致，见图 1。

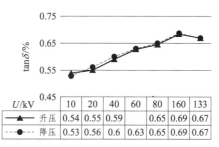

U/kV	10	20	40	60	80	160	133
升压	0.54	0.55	0.59		0.65	0.69	0.67
降压	0.53	0.56	0.6	0.63	0.65	0.69	0.67

图 1 套管耐压试验前介损随施加电压的变化曲线

局部放电量测量时，当施加电压到 210 kV 左右出现局放信号，施加电压为 333 kV 后局放大于 25 pC。在 1 min 680 kV 工频耐压试验结束后监测局放，施加电压为 550 kV 时局放基本稳定在 40 ~ 50 pC，施加电压为 476 kV 时局放基本稳定在 30 ~ 40 pC。为使缺陷恶化、在解体时更容易找到缺陷部位，经讨论延长试验加压时间，采取多次升压至 550 kV 激发（每次 5 s）、在 476 kV 下监测局放（5 min）的方案，试验持续了 40 min，局放基本稳定在 30 ~ 40 pC，无明显变化。局放随电压的变化曲线见图 2。

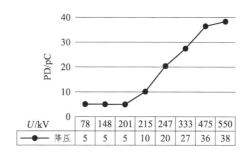

U/kV	78	148	201	215	247	333	475	550
降压	5	5	5	10	20	27	36	38

图 2 套管局部放电量随施加电压的变化曲线

经解体发现以下异常：

（1）在主屏铝箔卷绕搭接处的绝缘纸上出现矩形黑色线条，疑似绝缘纸碳化，主要分布在油侧和空气侧绝缘纸上，但端屏间的绝缘纸正常。矩形框内有黑色斑点，疑似放电痕迹，而且油侧的黑色斑点分布多于空气侧，见图 3。

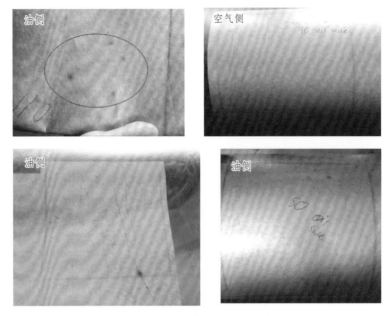

图 3　套管铝箔搭接部位矩形黑色线条

（2）用于铝箔的等电位连接孔，部分层没有翻起到等电位作用，但即使等电位孔正常，矩形黑框也存在，见图 4。

图 4　套管铝箔等电位连接孔

3.3　原因分析

根据本次试验检查及解体检查情况，结合系统内同厂家同型号的套管解体情况，认为该套管的电容屏绕制工艺存在缺陷，主屏铝箔搭接区域均压不良，致使套管内部长期存在低能局部放电，引起介损升高、色谱异常，绝缘纸上形成黑色线条和黑色斑点的放电痕迹。

4 监督意见

品控技术监督应充分打通全寿命周期管控链条，充分收集分析设备运行阶段的缺陷故障，靶向修编监造作业指导书，改善监造成效，对于运行中问题多发的变压器供应商，应对其入网产品进行抽样检测。

500 kV 变压器内部结构松动导致局放试验结果超标

监督专业：工艺监督　　　　　　　　监督手段：设备监造
监督阶段：设备制造　　　　　　　　问题来源：设备制造

1　监督依据

南方电网《500 kV 334 MVA 单相自耦交流电力变压器技术规范书（专用部分）》表 2.2 标准技术特性参数表（投标方填写）序号 1.16 投标方响应中压绕组局部放电≤90 pC。

2　案例简介

2020 年 12 月 25 日，驻厂监造工程师对某工程 500 kV 主变（型号：ODFS-334000/500）进行现场监造工作中。带有局部放电测量的感应电压试验时，发现中压局放值超标，技术投标文件要求中压局放值≤90 pC，实测为 200 pC，后经吊罩检查发现为主变旁柱低压侧上部夹件螺丝松动导致，整改后重新进行局部放电，试验合格。

3　案例分析

3.1　出厂试验

2020 年 12 月 25 日，驻厂监造工程师对某工程 500 kV 主变（型号：ODFS-334000/500；编号：Z200911C）现场监造工作中，进行带有局部放电测量的感应电压试验时，试验在 B 阶段（电压 $1.58 \times U_r$），发现中压局放值超标，技术投标文件要求中压局放值≤90 pC，实测为 200 pC，实测值不满足技术投标文件要求，要求供应商给出书面的原因分析和整改方案。

3.2 排油内检

变压器供应商用异常局放定位设备逐一进行排查，初步锁定了局放异常的源头为主变内部低压侧上端部位。遂对主变进行排油处理，技术人员身穿"隔离服"从人孔处进到主变内部进行详细排查，最终确认局放量超标是主变旁柱低压侧上部夹件螺丝松动导致，见图1。

图 1　主变旁柱低压侧上部夹件螺丝松动导致

变压器供应商出具的问题原因分析和整改方案经现场参与试验监督见证的业主方代表审核并认可后，按整改方案对松动螺丝进行拧紧，最终试验顺利通过。

3.2 原因分析

该问题为供应商总装配工序器身整理工艺遗留的问题，暴露了供应商在主变器身机械结构紧固工艺中无完整、有效的检查制度。

4　监督意见

督促变压器供应商完善主变器身机械结构紧固工艺检查制度，同时修编监造作业指导书，核查主变器身机械结构紧固工艺检查制度的执行情况，避免今后再次出现此类问题。

500 kV 变压器出厂试验局放超标问题处理

监督专业：绝缘监督　　　　　　　　　监督手段：现场见证
监督阶段：出厂试验　　　　　　　　　　问题来源：设备制造

1　监督依据

供应商在技术投标文件中提出本变压器在 $1.5 \times U_\mathrm{m}/\sqrt{3}$ 下局部放电水平（pC）：高压≤90；中压≤100；低压≤200。

2　案例简介

2020 年 12 月 17 日，某 500 kV 变压器进行局部放电试验，当电压升至 $0.7U_\mathrm{r}$ 时，高压侧局部放电量 177 pC，中压侧局部放电量 156 pC，低压 a 局部放电量 1 124 pC，低压 x 局部放电量 629 pC，高压中性点局部放电量 25 pC，试验不合格。变压器返修后，局部放电试验仍然不合格。第三次返修终于彻底消除故障，随后出厂试验合格。（技术协议要求在 $1.5 \times U_\mathrm{m}/\sqrt{3}$ 下局部放电水平（pC）：高压≤90，中压≤100，低压≤200）

3　案例分析

3.1　2020 年 12 月 17 日局放超标处理过程

对 2020 年 12 月 17 日局放超标问题，分析变压器出厂试验局放异常的原因，可能是低压线圈内层绝缘纸筒的纸板存在分层，但也不排除纸板受潮或者纸板内部夹层存在异物，导致局放试验加压过程其表面出现爬电。为此，供应商决定对该产品进行解体检查，见图 1 和图 2。

图 1　局放超标检查照片（第 1 次）

图 2　低压纸筒爬电照片（第 1 次）

解体检查结果显示：变压器引线、压板、端圈、角环、围屏均未见异常，高压、中压、调压绕组未见异常。低压线圈内层绝缘纸筒 27～30 挡，距离顶部 370～1 240 mm 处存在明显的爬电痕迹，放电导致绝缘纸板表层破损，未见贯穿性的放电通道。低压绕组内表面对应位置内垫条局部存在熏黑痕迹，自黏换位导线表层未见放电痕迹。

供应商在对低压线圈内层绝缘纸筒以及解体过程中损坏的绝缘件进行更换后，产品重新装配。

3.2　2021 年 1 月 20 日再次局放超标处理过程

2021 年 2 月 1 日，供应商对变压器进行组装线圈的解体检查，首先吊出高压线圈，进行线圈内、外表面检查，检查高压线圈和中压线圈间主绝缘纸板，未见放电痕迹。然后依次拔出中压线圈、低压线圈，均未见放电痕迹。对低压线圈外表面进行检查，未见放电痕迹；针对低压线圈内纸筒内表面有放电击穿痕迹（对铁心地屏），对低压线圈硬纸筒进行了破拆，低压线圈硬纸筒外表面有2处放电痕迹部位，而低压线圈内表面仅有对应的1个部位有熏黑迹象，在扒开多处低压线圈1 mm内垫条后，发现1个放电烧蚀点，见图3和图4。

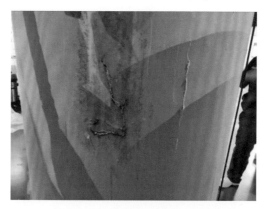

图 3　低压纸筒外表面放电照片（第 2 次）

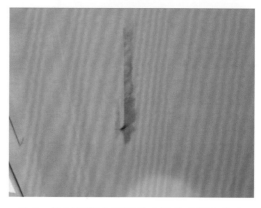

图 4　低压纸筒内表面放电照片（第 2 次）

3.3　原因分析

第一次变压器出厂试验局放异常的原因，分析认为是低压线圈内层绝缘筒纸板存在局部缺陷，在线端交流耐压试验时，低压线圈内层绝缘纸筒出现爬电。同时导致对应位置的低压线圈局部受损，但在第一次检查过程中低压线圈局部受损未能发现。第二次局放试验，低压线圈局部受损进一步扩大导致低压线圈内层绝缘纸板筒表面爬电。同时调压线圈内层绝缘纸筒上存在两处放电痕迹，进一步证实 5 mm 硬纸板筒存在局放缺陷是导致本次事故的原因。

4　监督意见

对变压器低压线圈最内 5 mm 厚硬纸板筒（含撑条）进行更换，对熏黑附近区域的低压线圈内表面 1 mm 内垫以及该区域的低压线圈内撑条（第 27～30 挡）进行更换。对所有线圈、出头、压板、铁轭垫块、纸板、撑条、端圈、引线夹持件等绝缘件进行彻底清理，所有绝缘件清理合格后使用。对低压线圈最内 5 mm 厚硬纸板筒靠近的心柱地屏进行彻底检查清理，后续复装过程中严格控制金属、绝缘异物。

变压器出厂试验时，局放等绝缘类试验务必派驻有经验的工程师重点关注，必要时对生产及试验过程中的数据进行横向、纵向对比，发现的问题应追根溯源，对厂家消缺过程也应重点追踪见证，确保在出厂前彻底消除隐患。

500 kV 变压器出厂局部放电试验异常

监督专业：绝缘监督　　　　　　　　　监督手段：出厂试验
监督阶段：出厂试验　　　　　　　　　问题来源：设备制造

1　监督依据

南方电网《500 kV 750 MVA 三相自耦现场组装交流电力变压器技术规范书（专用部分）》表 2.2 第 1.16 条规定，在 $1.5 \times U_{\mathrm{m}} / \sqrt{3}$ 下高压、中压绕组局部放电水平 $\leqslant 50$ pC。

2　案例简介

2020 年 9 月 28 日，某 500 kV 变电工程中 500 kV 主变（型号 OSFPS-750000/500）出厂试验过程中发现，A 相高压侧局放量（290 pC）超过技术协议要求值（50 pC），试验不合格。为分析局放量超要求值的原因，供应商对局放信号开展超声定位，判断为 A 相高压绕组引线的绝缘支撑件存在质量缺陷导致局放量超要求值。供应商对 A 相高压绕组引线绝缘支撑件进行更换，按照供应商内工艺要求进行抽真空注油、热油循环、静置，重新开展局放试验，局放量小于 50 pC，满足技术规范书要求。

3　案例分析

3.1　出厂试验情况

2020 年 9 月 28 日起，某 500 kV 变电工程中 500 kV 主变（型号 OSFPS-750000/500）开展出厂试验时发现，该主变 A 相高压侧局放量（290 pC）超过技术协议要求值（50 pC），局放量见图 1。供应商开展局放超声定位监测，如图 2 所示，根据超声检测结果判断造成局放量超标的原因为 A 相高压绕组引线的绝缘支撑件存在质量缺陷，绝缘件位置如图 3 所示。

图 1 变压器 A 相高压侧局放量

（a）局放超声定位传感器位置

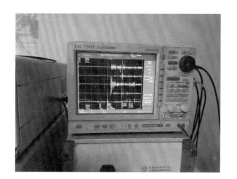

（b）局放超声定位示波情况

图 2 变压器局放超声定位监测

图 3 高压绕组引线绝缘支撑件

3.2 整改后试验情况

供应商对局放量超标的主变开展高压侧引线绝缘支撑件更换，并通过抽真空注油、热油循环、静置等工艺过程，于 10 月 6 日对该主变重新开展局放试验，整改后主变 A 相高压侧局放量小于 50 pC，满足技术规范要求，局放量如图 4 所示。

图 4　整改后主变 A 相高压侧局放量

3.3 原因分析

变压器 A 相高压绕组引线的绝缘支撑件存在质量缺陷，导致主变局部放电量超过技术规范书要求值。

4 监督意见

变压器监造过程，应对原材料入厂检测过程进行抽查监督，按技术规范书要求严格把控原材料质量，同时，对出厂试验过程应严格监督供应商按照国家、行业及技术规范要求开展试验，并对试验结果存在问题的产品，查明原因并监督整改情况，严格把控设备质量。

220 kV 某主变出厂局放试验异常分析

监督专业：绝缘监督　　　　　　　　　监督手段：出厂试验
监督阶段：出厂试验　　　　　　　　　问题来源：设备制造

1　监督依据

GB/T 7354—2018《高电压试验技术局部放电测量》；
DL/T 417—2006《电力设备局部放电现场测量导则》；
南方电网《110～500 kV 交流电力变压器技术规范书》。

2　案例简介

2017 年 8 月 28 日至 29 日，某变电站 SFSZ11-H-150000/220 变压器在厂内进行感应试验时伴有轻微的放电声和局放超标。

3　案例分析

3.1　试验情况

2017 年 8 月 28 日下午开始对某变电站（SFSZ11-H-150000/220）进行出厂试验。

8 月 29 日下午进行短时感应试验，C 相感应时局放：中压为 3 000 pC 左右，高压为 1 000 pC；$1.5U_m/\sqrt{3}$ 时局放：中压为 1 300 pC，高压为 350 pC。A、B 相感应试验电压升至 100%时变压器内部发出轻微的"啪啪"放电声；局放高压近 10 000 pC；$1.5U_m/\sqrt{3}$ 时 A 相局放近 10 000 pC，中压侧更大，B 相 $1.5U_m/\sqrt{3}$ 时内部发出"呲呲"的细微放电声，局放近 10 000 pC，中压更大，见表 1。引起中压侧局放大的原因是电容耦合差异。

表1　　试验结果　　　　　　　　　　单位：μL/L

部位	CH$_4$	C$_2$H$_4$	C$_2$H$_6$	C$_2$H$_2$	H$_2$	CO	CO$_2$	总烃
A 相	1.294	0	0	0	5.127	3.748	36.358	1.294
B 相	1.404	0	0	0	6.527	2.250	45.236	1.404
C 相	0.894	0	0	0	3.127	2.033	55.358	0.894

8月29日下午放电后油样分析结果，见表2。

表2　　放电后油样分析结果　　　　　　单位：μL/L

部位	CH$_4$	C$_2$H$_4$	C$_2$H$_6$	C$_2$H$_2$	H$_2$	CO	CO$_2$	总烃
A 相	1.416	0.824	0	3.653	11.212	7.51	56.762	5.893
B 相	2.112	1.523	0.42	6.551	18.352	9.55	57.531	10.616
C 相	1.064	0	0	0	7.956	5.709	128.047	1.064

3.2　返厂情况

对变压器附件拆除吊罩检查，发现 B 相高压调压线圈上半部出头偏左位置有明显放电痕迹，从高压调压线圈向下至低压调压线圈有爬电痕迹（图 1）；A 相在低压侧下半部低压调压线圈向上网状放电痕迹（图 2）；C 相未发现有放电痕迹。

B相击穿放电位置

图1　B相局部击穿放电

图 2　A 相沿面闪络放电

　　9 月 14 日在专家的共同见证下，首先，对器身进行全面仔细检查，压板引线等表面清洁完好；接着，对变压器 B 相器身进一步解体检查，发现调压纸筒上在高压调压线圈对低压调压线圈之间有明显的放电碳化现象（图 3），低压调压线圈的纸筒至高压端部位置有较大面积的树枝放电（图 4），其余未见放电痕迹。

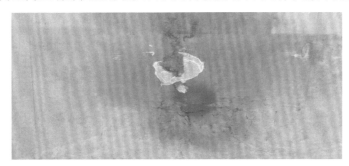

图 3　B 相调压纸筒高压调压与低压调压间放电碳化

图 4　低压调压纸筒树枝放电

下面依次对高压线圈（图 5）、中压线圈（图 6）、低压线圈（图 7）和平衡线圈（图 8）进行解体检查，除在高压线圈到调压线圈之间的第二层纸板中发现疑似纸板厂家喷涂纸板唛头时散落的油性笔墨污点外（图 9）（注：油性笔墨是电气设备用绝缘材料专用笔墨），其余纸板撑条均完好无损。

图 5　高压线圈解体情况

图 6　中压线圈解体情况

图 7　低压线圈解体情况

图 8　平衡线圈解体情况

3.3　原因分析

基于厂内试验、油样分析、吊罩检查、器身解体及电场模拟的情况，A、B两相放电的部位类型及放电的痕迹等现象，局部场强过高是导致放电的主要诱因。首先为局放量增大，接着发展为沿调压线圈纸筒表面产生树枝状放电，致使低压调压线圈对高压调压线圈击穿放电使绝缘纸筒表面碳化，同时伴有乙炔等烃类气体产生。

通过电场的模拟情况，对电场强度较高的电力线分析，低压调压线圈在受到高压调压绕组和高压绕组端部复合场强的影响时，低压调压线圈首末饼场强偏大，其最小爬电场强裕度分别为 0.99 和 0.97，裕度不足。

4　监督意见

变压器设备出厂验收时，应严格按照技术规范书开展各项检查和试验，局放等绝缘类试验务必派驻有经验的工程师重点关注，监造中发现的问题应追根溯源，对厂家消缺过程要重点追踪见证，确保在出厂前彻底消除隐患。

220 kV 某高抗极性接反导致烧损

监督专业：安装监督　　　　　　　　监督手段：交接试验
监督阶段：现场安装　　　　　　　　问题来源：安装质量

1　监督依据

南方电网《电力设备交接验收规程》。

2　案例简介

2016 年 9 月 10 日 20:42 进行 500 kV 某变电站投产，在进行 500 kV 某对侧变电站 500 kV 甲线 5651 断路器对 500 kV 甲线线路及两侧高抗进行第一次冲击时，500 kV 甲线高抗非电量保护主电抗器 B 相重瓦斯动作出口，远跳 500 kV 甲线 5651 断路器。现场检查发现 500 kV 甲线高抗 A、B、C 三相油箱均出现明显灼烧痕迹。

3　案例分析

3.1　试验情况

（1）抽能绕组直流电阻及绝缘检测，见表 1。

表 1　500 kV 仁铜甲线抽能绕组直阻测量　　　　单位：MΩ

ax	by	cz
90.03	∞	95.32

结论：测量结果显示 B 相抽能绕组断线。
（2）500 kV 甲线抽能绕组绝缘测量，见表 2。

表 2　500 kV 仁铜甲线抽能绕组绝缘测量　　　　　单位：MΩ

Ax-地	y-地	By-地	Cz-地
100 000+	35 000	30 000	100 000+

（3）高抗铁心绝缘检测，见表 3。

表 3　高抗铁心绝缘检测　　　　　单位：MΩ

铁心-地	100 000+	100 000+	100 000+
夹件-地	35 000	30 000	100 000+
铁心-夹件	5 000	3 500	3 000

（4）色谱分析（时间：2016-09-11），见表 4。

表 4　色谱分析　　　　　单位：μL/L

	部位	H_2	CO	CO_2	CH_4	C_2H_6	C_2H_4	C_2H_2	$\sum_{烃}$
仁铜甲线高抗 A 相	上	12.49	45.89	321.1	23.89	4.5	28.13	0.83	57.35
	中	18.11	52.98	332.13	30.62	5.07	31.54	0.9	68.13
	下	19.53	50.63	337.36	32.5	5.26	37.01	1.25	76.02
仁铜甲线高抗 B 相	上	22.15	55.65	303.57	38.73	8.08	79.32	30.49	156.62
	中	52.76	65.15	300.82	67.74	9.94	104.3	47.79	229.77
	下	51.71	63.04	293.44	56.92	9.32	92.17	42.22	200.63
	瓦斯气体	53 341.63	31 624.01	4 433.73	12 925.58	169.51	2 749.48	4 867.75	20 712.32
仁铜甲线高抗 C 相	上	31.6	43.98	265.41	37.31	2.91	25.03	1.72	66.97
	中	21.19	50.4	305.17	33.37	3.38	27.72	3.96	68.43
	下	15.77	51.33	317.23	24.2	3.11	23.05	1.6	51.96

（5）高抗变比及极性检查，见表 5。

表 5　高抗变比及极性检查

相别	变比	误差	极性
A	53.654	+1.39%	+
B	53.787	+1.64%	−
C	53.654	+1.39%	−
测试仪器	SM64A 变压器变比测试仪（NO.1161188）		

3.2　现场检查情况

经现场检查，500 kV 甲线高抗 A、B、C 三相油箱侧面均出现 2 处明显过热灼烧痕迹，其他未见异常，见图 1 ～图 3。故障时高抗 6 kV 抽能侧开关柜内断路器未合，站用变未投。

图 1　A 相油箱（左侧和右侧）

图 2　B 相油箱（左侧和右侧）

图 3　C 相油箱（左侧和右侧）

　　将 B 相抽空油，打开检修手孔后进入检查，发现抽能绕组首端（b）及尾端（y）引出线均已烧断（图 4），在绕组旁边散落铜珠；抽能绕组侧面与油箱灼烧预期未见放电痕迹（图 5）。

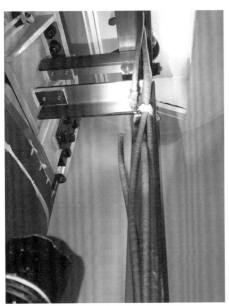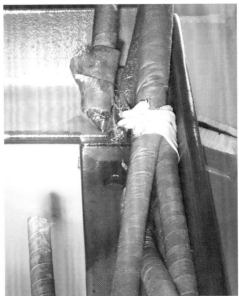

图 4　B 相抽能绕组首尾引线均烧断

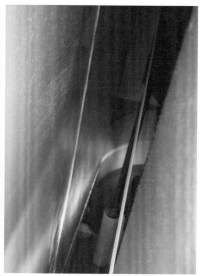

图 5　B 相抽能绕组旁散落铜珠、侧面及油箱上未见放电痕迹

3.3　原因分析

通过对保护录波、设备外观检查及试验结果初步判断：高抗 A 相极性反接，引起高抗△形的抽能绕组内部产生环流。一方面，环流引起过热，烧坏抽能绕组引线绝缘，致使抽能绕组首尾端引线击穿放电，电弧引起的高温烧断引线，同时电弧使得绝缘油裂解，导致重瓦斯动作跳闸；另一方面，过流引起的漏磁使得油箱局部过热，特别漏磁集中处出现局部环流，高温灼烧油箱。

4　监督意见

现场安装线圈绕组接线时，技术人员应认真核对极性，必要时供应商出厂前挂牌明确"极性"；供应商接线完成后，由现场施工单位技术负责确认；对未能执行相关技术要求，造成后果的供应商，应对相关人员进行评价考核；投运中，主保护动作后，应认真分析原因，找出问题，避免多次冲击，造成设备损坏。

220 kV 油浸电容式套管末屏引线接触不良的绝缘异常

监督专业：绝缘监督　　　　　　　　　监督手段：预试试验
监督阶段：设备运维　　　　　　　　　问题来源：设备制造

1　监督依据

　　QB 50150—2016《电气装置安装工程　电气设备交接试验标准》第 15.0.5 条规定，套管主绝缘介质损耗因素不超过 0.5%。

　　Q/CSG 1206007—2017《电力设备检修试验规程》第 20 条中表 57 规定，油纸电容型套管的 $\tan\delta$（%）应不大于 0.8。

2　案例简介

　　2011 年 5 月 19 日，运检人员对某 220 kV 主变进行例行首检电气试验时发现 220 kV A 相套管主绝缘介损 $\tan\delta$ 为 1.185%，电容量为 400.3 pF，与交接试验数据介损 $\tan\delta$（0.328%）、电容量（399.1 pF）相比，介损值增加了 3.61 倍，电容量无变化。该套管绝缘油进行色谱分析和微水含量分析，分析结果发现 C_2H_2 含量达 108.1 μL/L，H_2 有微量增加（37.4 μL/L），其余组分含量与交接值无明显变化，微水含量为 3.65 mg/L。根据气体三比值判断，该套管内部存在着低能放电和过热现象。

3　案例分析

3.1　现场试验

　　2011 年 5 月 19 日，运检人员对某 220 kV 主变进行例行首检电气试验时发现 220 kV A 相套管主绝缘介损 $\tan\delta$ 为 1.185%，电容量为 400.3 pF，与 2010 年

1月18日的交接试验数据介损 tanδ（0.328%）、电容量（399.1 pF）相比，介损值增加了 3.61 倍，电容量无变化。遂对该相套管末屏绝缘电阻、末屏介损及电容量进行测试，测试末屏绝缘电阻：100 000 MΩ（2 500 V 兆欧表），末屏介损 tanδ 为 1.050%，电容量为 1 278 pF，与 2010 年 1 月 8 日的交接试验结果末屏介损 tanδ（1.160%）、电容量（766 pF）比较，末屏介损值无明显变化，电容量增大 166%。后又对该套管主绝缘及介损、套管末屏绝缘及介损和电容量进行反复测试，测试结果与 5 月 19 日基本相符。同时 5 月 22 日取该相套管绝缘油进行色谱分析和微水含量分析，分析结果发现 C_2H_2 含量达 108.1 μL/L，H_2 有微量增加（37.4 μL/L），其余组分含量与交接值无明显变化，微水含量为 3.65 mg/L，测试数据见表 1 ~ 表 3。

表 1　变压器试验数据

试验日期	2011-05-19（预试试验值）				2010-01-08（工程交接试验值）			
天气情况	天气：晴，温度：3 ℃，湿度：40%				天气：晴，温度：18 ℃，湿度：30%			
使用仪器	AI-6000E 抗干扰介损测试仪				AI-6000D 抗干扰介损测试仪			
套管部位	tanδ/%	$C_{测}$/pF	$C_{铭}$/pF	ΔC/%	tanδ/%	$C_{测}$/pF	$C_{铭}$/pF	ΔC/%
A 相本体	1.185	400.3	402	-0.42	0.328	399.1	402	-0.72
A 相末屏	1.050	1 278	—	—	1.160	766	—	—

表 2　套管本体色谱分析数据　　　　　　单位：μL/L

特征气体	H_2	CO	CO_2	CH_4	C_2H_6	C_2H_4	C_2H_2	总烃
交接	2.0	94.3	145.6	1.7	0	0	0	1.7
首检	37.4	210.0	190.7	10.7	16.2	4.1	108.1	139.1
注意值	≤500	—	—	≤100	—	—	≤2	—

表 3　套管气体三比值数据

特征气体	C_2H_2/C_2H_4	CH_4/H_2	C_2H_4/C_2H_6
交接	0	0	0
首检	2	0	0

3.2　返厂情况

2011 年 7 月 27 日，在各方代表的共同参与下对该套管进行解体，套管解体前，进行了电气性能复试：

（1）末屏对地电容量及介损测试：tanδ：0.477%；电容量 C：935.8 pF。

（2）套管主介损、电容量测量：tanδ：0.307%；电容量 C：401 pF。

（3）局部放电测量（252 kV）：4 pC。

套管外观检查未发现异常，末屏引线头处表面光滑，解体后发现套管末屏引线为多股细线组成，引线端部明显有炭黑，引线上的油迹已变黑，电容屏最外层靠引线处有一过热灼伤点，见图1。

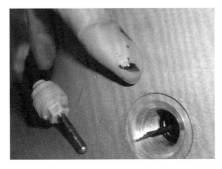 

（a）引线端部油迹发黑 　　　　　　　（b）电容屏过热灼烧点

图 1　套管解体检查

从解体检查的结果来看，引起该故障的原因是末屏引线与引线管之间焊接存在虚焊或接触不良的缺陷，在运行中产生多次放电累积所致。末屏引出线受挤压弯曲一端顶在电容屏上，长时间多次放电使引线过热而灼伤电容屏，同时也使得绝缘油中乙炔和总烃含量超标。

3.3　原因分析

该套管引起该故障的原因是末屏引线与引线管之间焊接存在虚焊或接触不良的缺陷，在运行中产生多次放电累计所致，致使套管内部长期存在低能局部放电，引起介损升高、色谱异常，绝缘纸上形成黑色线条和黑色斑点的放电痕迹。

4　监督意见

变压器交接验收及首检时，应严格开展各项检查和试验，加强施工关键点监督和检查，把好投运前技术监督关口。对于问题多发的变压器组附件供应商进行组附件延伸监造，并对其入网产品进行抽样检测。

220 kV 变压器铁心绑扎问题导致局放超标

监督专业：工艺监督　　　　　　　　监督手段：设备监造
监督阶段：设备制造　　　　　　　　问题来源：出厂试验

1　监督依据

GB/T 1094.3—2017《电力变压器 第 3 部分：绝缘水平、绝缘试验和外绝缘空气间隙》；

GB/T 7354—2003《局部放电测量》。

技术协议要求值（高、中压线端局放）不高于 80 pC。

2　案例简介

变压器在进行出厂试验项目时，长时感应局部放电测量项目不合格，中压绕组 C_m 相局部放电量在 300 pC 左右。后通过局部放电超声定位排查，判定放电位置点为铁心绑扎带有问题，返回生产线整改后试验合格。

3　案例分析

3.1　出厂试验

变压器试验出现不合格后，经过业主同意，厂家将该台变压器重新经过 2 天静放后，再次进行局放测量试验，C_m 相局部放电量实际为 215 pC，结果仍不合格。厂家随后对该变压器进行局部放电超声定位，初步判定放电位置点为铁心绑扎带有问题，因此制定该台变压器的返修计划（约 40 天）及操作方案，决定先对该变压器进行脱油后线圈拆解，然后更换稀纬铁心绑扎带为聚酯带绑扎处理。

3.2 处理情况

问题经分析后，重新制定制造工艺联络单，先对变压器进行器身吊芯检查，然后拆解变压器三相线圈，对变压器铁心绑扎、铁心接地板及绝缘纸板围屏进行更换。随后进行整体器身恢复，进炉干燥处理总装配后静放，见图1~图6。

图 1 变压器吊芯拆解线圈

图 2 变压器吊芯拆解检查

图 3 变压器铁心绑扎更换为聚酯带

图 4 变压器铁心第一次绑扎稀纬带

图 5 器身恢复（铁心、线圈组套，插上轭、引线）

图 6　局放试验复试合格

3.3　原因分析

（1）技术协议铁心要求：变压器整个铁心采用绑扎结构，铁心叠装后使用专用设备和材料进行铁心收紧，铁心受力均匀，应采用环氧玻璃丝带或聚酯带等材料进行绑扎，尽量不使用金属材料。

（2）变压器铁心绑扎装配时，使用稀纬带质量不稳定，厂内操作工工艺把关控制存在偏差隐患，造成该变压器 C 相局放超标。

4　监督意见

变压器设备生产制造时，厂家应严格执行设计文件及工艺标准，加强施工关键点监督和加强品质检查，把好出厂试验前技术监督关口。对于质量问题多发的变压器供应商，应严格对其入网产品进行抽样检测。

220 kV 变压器真空残压值与监造标准要求不符

监督专业：工艺监督　　　　　　　　　监督手段：设备监造
监督阶段：设备制造　　　　　　　　　　问题来源：设备制造

1　监督依据

《中国南方电网有限责任公司 110 kV 及以上电压等级变压器监造标准（2018版）》第 8.7 条关键点见证记录表单（关键生产、装配过程-总装配）的真空注油标准，注油前应对变压器抽真空，220 kV 电压等级产品其真空残压值≤80 Pa。

2　案例简介

2021 年 1 月 31 日，驻厂监造工程师对某工程主变（型号：SFSZ11-H-180000/220）进行现场监造工作。在检查总装配后的抽真空工序时，发现注油前的抽真空残压值不满足南网监造标准要求值，经监督指导后，供应商按要求调整了内部工艺文件，并落实到工位。该台主变最终密封性试验结果顺利通过。

3　案例分析

3.1　总装配工序

2021 年 1 月 31 日，驻厂监造工程师在检查某工程主变的注油前抽真空记录文件时，发现该主变在抽真空阶段残压值为 105 Pa，不满足南网要求的注油前应对变压器抽真空：220 kV 电压等级产品，其真空残压值≤80 Pa。检查供应商使用的抽真空工艺 QC 卡，供应商工艺对 220 kV 电压等级的变压器真空残压值要求为不大于 133 Pa。所以由此判定供应商抽真空工艺不满足南网监造标准要求，变压器注油前的抽真空数据见图 1。

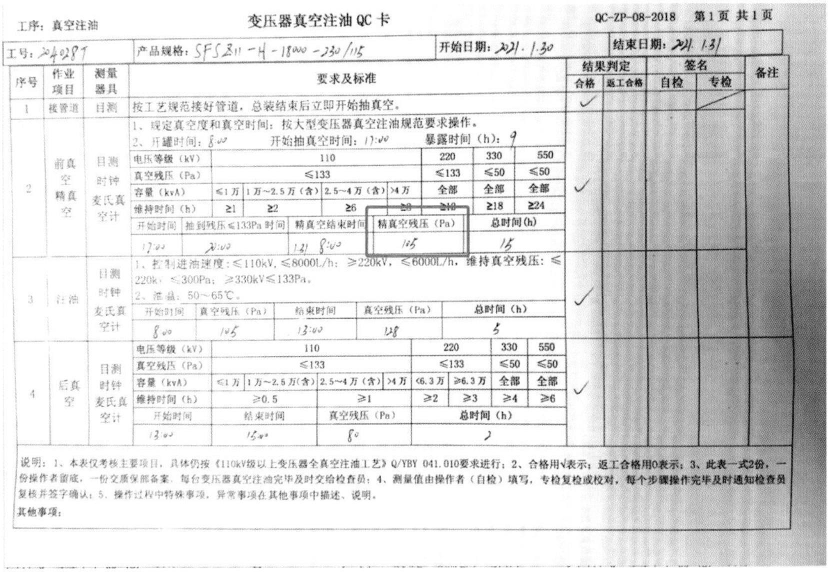

工序：真空注油　　变压器真空注油 QC 卡　　QC-ZP-08-2018　第1页 共1页

工号：204028T	产品规格：SFSZ11-H-18000-230/115	开始日期：2021.1.30	结束日期：2021.1.31

序号	作业项目	测量器具	要求及标准	结果判定：合格	结果判定：返工合格	签名：自检	签名：专检	备注
1	接管道	目测	按工艺规范接好管道，总装结束后立即开始抽真空。	✓				
2	前真空精真空	目测 时钟 麦氏真空计	1、规定真空度和真空时间：按大型变压器真空注油规范要求操作。 2、开罐时间：8:00　开始抽真空时间：17:00　暴露时间（h）：9	✓				
3	注油	目测 时钟 麦氏真空计	1、控制进油速度：≤110kV，≤8000L/h；≥220kV，≤6000L/h，维持真空残压：≤220kV ≤300Pa；≥330kV≤133Pa。 2、油温：50～65℃。	✓				
4	后真空	目测 时钟 麦氏真空计		✓				

序号2（前真空 精真空）：

电压等级（kV）	110				220	330	550
真空残压（Pa）	≤133				≤133	≤50	≤50
容量（kvA）	≤1万	1万～2.5万（含）	2.5～4万（含）	>4万	全部	全部	全部
维持时间（h）	≥1	≥2	≥6	≥8	≥10	≥18	≥24

开始时间	抽到残压≤133Pa时间	精真空结束时间	精真空残压（Pa）	总时间(h)
17:00	20:00	1.31 8:00	105	15

序号3（注油）：

开始时间	真空残压（Pa）	结束时间	真空残压（Pa）	总时间（h）
8:00	105	13:00	128	5

序号4（后真空）：

电压等级（kV）	110				220		330	550
真空残压（Pa）	≤133				≤133		≤50	≤50
容量（kvA）	≤1万	1万～2.5万(含)	2.5～4万（含）	>4万	<6.3万	≥6.3万	全部	全部
维持时间（h）	≥0.5		≥1		≥2	≥3	≥4	≥6

开始时间	结束时间	真空残压（Pa）	总时间（h）
13:00	15:00	80	2

说明：1、本表仅考核主要项目，具体仍按《110kV级以上变压器全真空注油工艺》Q/YBY 041.010要求进行；2、合格用√表示；返工合格用O表示；3、此表一式2份，一份操作者留底，一份交质保部备案，每台变压器真空注油完毕及时交给检查员；4、测量值由操作者（自检）填写，专检复检或校对，每个步骤操作完毕及时通知检查员复核并签字确认；5、操作过程中特殊事项，异常事项在其他事项中描述、说明。

其他事项：

图 1　注油前的抽真空数据（方框处为超标值）

在发现问题的当日，驻厂监造工程师向供应商发出监造工作联系单，并将此问题反馈项目业主单位。供应商按要求进行整改，并对本台产品进行保证，不会对后续试验产生影响。2021 年 2 月 4 日，本台主变完成出厂试验，最终试验结果合格。通过局放试验结果分析该产品满足质量要求，并对产品质量作出保证。

3.2　原因分析

供应商的注油前抽真空工艺未按照南网监造标准执行，厂内使用的工艺版本未按照《中国南方电网有限责任公司 110 kV 及以上电压等级变压器监造标准（2018 版）》的要求更新，造成抽真空阶段的工艺不满足监造标准情况。

4　监督意见

变压器生产厂家在开工前应严格核对用户监造标准、技术规范书等文件的工艺标准，避免出现与要求不符的情况。现场监造人员应加强关键点工序检查，对监造标准、技术规范书等要求严格开展各项检查工作，把好发运前技术监督关口。

220 kV 变压器油箱焊接问题处理

监督专业：封焊工艺   监督手段：现场见证
监督阶段：油箱封焊   问题来源：设备制造

1 监督依据

根据南方电网《110 kV ~ 500 kV 交流电力变压器技术规范书（通用部分）》要求，焊接要遵照美国焊接学会（AWS）或其他国家使用的并得到公认的专业标准采用一种焊接工作程序。

2 案例简介

2021 年 4 月 25 日，某供应商生产的 220 kV 组合式变压器在焊接过程中，监理人员发现焊缝表面质量较差，存在有毛刺、飞溅现象，焊后未及时对表面进行打磨，上下油箱连接限位与油箱沿处焊缝存在气孔，应进行补焊后打磨平滑。A 相油箱体封焊后，上下油箱加强筋对中存在偏差，上、下限位未对齐。

3 案例分析

3.1 现场焊接

220 kV 组合式变压器出厂试验完成后，油箱附件已拆除，进行箱沿封焊。在焊接过程中，监理人员发现焊缝表面质量较差，存在有毛刺、飞溅现象，焊后未及时对表面进行打磨，上下油箱连接限位与油箱沿处焊缝存在气孔，应进行补焊后打磨平滑。A 相油箱体封焊后，上下油箱加强筋对中存在偏差，上、下限位未对齐。根据厂内工艺规定，上限位侧面不应超过下部限位，否则应矫正。此处应进行矫正处理，补焊后打磨平滑。在后续油箱吊罩检查后，应首先确认上下连接位置对中良好，封焊前再次确认。针对以上不符合封焊工艺的问题（见图 1），敦促厂家采取整改措施并给予回复说明，避免此类问题再次发生。

处理前

焊缝表面毛刺飞溅 | 上下限位存在偏差

处理中

对上下限位进行切割 | 上下限位矫正定位焊接

处理后

焊缝表面毛刺飞溅打磨 | 限位满焊后打磨平滑

图 1　封焊工艺问题

3.2　原因分析

　　焊接人员在焊接完成后未对飞溅进行及时处理；焊接尺寸偏差的主要原因是供应商试验后的油箱封焊和上下节油箱的组装涉及两个车间的配合，在相互沟通中出现了偏差，未能及时发现并处理此问题。2021 年 4 月 26 日厂家附专项回复函：重新按要求焊接上下油箱连接限位，也对车间员工进行了培训，杜绝此类问题再次发生。

4　监督意见

监造人员必须严格依据国家标准、技术规范书和厂内焊接工艺，开展现场见证与监督，确保供应商按相关要求实施油箱封焊。

220 kV 变压器交接试验夹件对地试验异常

监督专业：绝缘监督　　　　　　　　　监督手段：交接试验
监督阶段：设备试验　　　　　　　　　问题来源：设备制造

1　监督依据

南方电网《电力设备交接验收规程》第 5.1 条的表 3 规定，采用 2 500 V 兆欧表测量，持续时间应为 1 min，应无闪络及击穿现象。

2　案例简介

2020 年 6 月 12 日，某 220 kV 变电站 1 号主变在返厂大修后的交接试验中，发现主变 A 相夹件-地绝缘电阻仅为 15.2 MΩ，试验不合格。为分析绝缘电阻异常原因及处理情况，厂家相关技术人员开展吊罩检查，判断下夹件底座与油箱底部间绝缘件受潮，导致绝缘数据不合格。拆除旧的绝缘纸板，更换干燥绝缘纸板，并对绝缘垫干燥处理后满足规程要求。

3　案例分析

3.1　交接试验情况

2020 年 6 月 16 日，某 220 kV 主变（型号 SFSZ11-H-180000/220GYW）开展交接试验中发现，该主变 A 相夹件-地绝缘电阻仅为 15.2 MΩ，试验不合格。供应商开展吊罩检查，如图 1 所示，根据检测结果判断造成夹件对地绝缘的异常原因为，下夹件底座与油箱底部间绝缘件受潮，绝缘件受潮位置如图 2 所示。

图 1　变压器吊罩现场

（a）

（b）

图 2　绝缘件受潮部位

3.2　整改后试验情况

供应商拆除旧的绝缘纸板，更换为干燥处理后的绝缘纸板，重新开展夹件对地绝缘试验，整改后主变 A 相夹件对地绝缘电阻满足规程要求，如图 3 所示。

3.3　原因分析

该变压器返厂大修过程中厂家未更换旧绝缘件，返厂大修环节把关不严，导致夹件对地绝缘异常。

图 3   整改后主变夹件对地绝缘电阻

4   监督意见

变压器返厂大修过程，监造人员更应加强监督力度，避免出现部件应换未换、应修未修问题，需提升大修质量。应按要求严格把控作业要点，对返厂大修设备的出厂试验应监督厂家按照国家、行业标准及技术规范书要求开展试验，并对试验结果存在问题的产品，查明原因并监督整改情况，严格把控设备质量。

110 kV 变压器箱体内绝缘件受损导致夹件绝缘异常

监督专业：绝缘监督　　　　　　　　监督手段：交接试验
监督阶段：设备运维　　　　　　　　问题来源：设备制造

1 监督依据

QB 50150—2016《电气装置安装工程 电气设备交接试验标准》第 5.7.0.9 条规定，绝缘电阻值不低于产品出厂试验值的 70%。

Q/GDW 1168—2013《输变电设备状态检修试验规程》第 5.1.1.1 条中表 2 规定，夹件绝缘电阻≥100 MΩ（新投运 1 000 MΩ）（注意值）。

2 案例简介

2021 年 8 月 5 日，电气试验人员对某 110 kV 变电站 2 号主变绝缘电阻检测发现，变压器夹件绝缘电阻试验不满足标准要求（实测 1.0 MΩ，不应小于规程要求 100 MΩ/同出厂值对比无明显变化）。设备返厂吊芯检查，经试验和检查发现变压器 A 相底座绝缘件受损（绝缘纸板绝缘电阻为 0.5 MΩ）。

3 案例分析

3.1 现场试验

2021 年 8 月 5 日，电气试验人员对某 110 kV 变电站 2 号主变压器更换后交接试验，在检测变压器绝缘电阻测试时，发现变压器的夹件对地绝缘电阻值远远低于变压器出厂试验值。所得试验数据分别为夹件对地：1.0 MΩ，而出厂值分别为 6 300 MΩ；依据 Q/GDW 1168—2013《输变电设备状态检修试验规程》第 5.1.1.1 条表 2 中"铁心、夹件绝缘电阻≥100 MΩ（新投运 1 000 MΩ）（注意值）"判定为不合格。

8月11日变压器厂家工作人员对变压器进行排油内检，仍然无法解决，遂决定对该变压器进行返厂检查，变压器试验数据见表1。

表1 变压器试验数据

试验时间	2021-8-8	温度	25 ℃	湿度	50%	天气	晴
使用仪表	1555 绝缘电阻测试仪			上层油温			28.6 ℃
夹件对地	绝缘电阻表单位 2 500 V			1.0 MΩ			
出厂值	绝缘电阻表单位 2 500 V			＞1 000 MΩ			
铁心对夹件	绝缘电阻表单位 2 500 V			＞1 000 MΩ			

3.2 返厂情况

8月15日对变压器进行吊罩及吊芯检查（见图1），发现变压器110 kV侧A相箱体内绝缘件存在破损现象（见图2），110 kV侧A相底座绝缘件（绝缘纸板）的绝缘电阻明显低于B、C相，电气试验不合格，见表2。

图1 吊罩及吊芯检查　　图2 变压器110 kV侧A相箱体内绝缘件存在破损现象

表2 110 kV 变压器底座绝缘纸板绝缘电阻测试（铁心未吊起）

试验时间	2021-8-15	温度	25 ℃	湿度	50%	天气	晴
使用仪表	1555 绝缘电阻测试仪			上层油温			28.6 ℃
试验部位	夹件对地						
A 相	绝缘电阻表单位 2 500 V			0.5 MΩ			
B 相	绝缘电阻表单位 2 500 V			2 500 MΩ			
C 相	绝缘电阻表单位 2 500 V			2 300 MΩ			

　　检查人员将变压器铁心吊至距地面 5 mm 时测量变压器 A、B、C 相底座对地的绝缘电阻，电气试验合格，见表 3。

表 3　110 kV 变压器底座绝缘纸板绝缘电阻测试（铁心吊至距地面 5 mm）

试验时间	2021-8-15	温度	25 ℃	湿度	50%	天气	晴
使用仪表	1555 绝缘电阻测试仪				上层油温		28.6 ℃
试验部位	夹件对地						
A 相	绝缘电阻表单位 2 500 V			2 500 MΩ			
B 相	绝缘电阻表单位 2 500 V			2 500 MΩ			
C 相	绝缘电阻表单位 2 500 V			2 500 MΩ			

　　变压器铁心吊至安全工作区域后，检查人员对变压器底座绝缘纸板进行绝缘电阻测试，变压器 A 相纸板绝缘电阻不合格，见表 4。

表 4　110 kV 变压器底座绝缘纸板绝缘电阻测试（铁心吊至安全区域）

试验时间	2021-8-15	温度	25 ℃	湿度	50%	天气	晴
使用仪表	1555 绝缘电阻测试仪				上层油温		28.6 ℃
试验部位	夹件对地						
A 相	绝缘电阻表单位 2 500 V			1 MΩ			
B 相	绝缘电阻表单位 2 500 V			无穷大			
C 相	绝缘电阻表单位 2 500 V			无穷大			

　　变压器底座 A 相绝缘纸板同 B、C 相底座绝缘纸板对比，存在明显受损现象，见图 3。

图 3　下油箱池及边缘部位存在金属铁渣

生产厂家工作人员将变压器芯体送入炉体，进行气相干燥 24 h 后，对芯体绕组使用绝缘纸绑扎、修补，对变压器下油箱内部重新铺绝缘隔板，安装芯体夹件与下油箱之间的绝缘件，并对变压器支撑绝缘件及夹件进行紧固。变压器芯体与变压器下油箱安装结束后，对变压器夹件对地绝缘电阻进行测试，检测数据合格。

3.3 原因分析

（1）在运输过程中变压器芯体微动使得夹件金属底座与绝缘隔板进行摩擦，从而进入绝缘隔板当中，造成在交接试验中变压器夹件对地绝缘电阻值不合格。

（2）变压器厂在场内设备组装时，施工工艺不标准，厂内工艺把关不良，造成变压器内部存在轻微松动，变压器破氮后未及时进行夹件对地绝缘电阻试验，导致残渣随油流扩散，带到变压器夹件位置，导致夹件对地绝缘电阻异常，影响工期。

4 监督意见

（1）变压器设备组装过程中，监造时应核实关键部件组装工艺记录，把好出厂前技术监督关口，严防设备带"病"出厂。

（2）变压器现场安装过程中应测量关键部件试验数据，健康安装。

（3）变压器交接试验应严格开展全方位、立体性检查和试验，把好投运前技术监督关口，避免隐患投运。

110 kV 变压器绕组变形异常

监督专业：绝缘监督　　　　　　　监督手段：预防性试验
监督阶段：设备运维　　　　　　　问题来源：设备运维

1　监督依据

Q/CSG 1206007—2017《电力设备检修试验规程》第 6.1.1 条中表 1 规定，采用频率响应分析法与初始结果相比，或三相之间结果相比无明显差别。

DLT 911—2016《电力变压器绕组变形的频率响应分析法》第 7.1 条规定，相关系数 $2.0>R_{LF}\geqslant1.0$ 或 $0.6\leqslant R_{MF}<1.0$。

2　案例简介

2020 年 6 月 10 日，运检人员开展某 110 kV 变电站 2 号主变绕组变形测试，主变中压绕组疑似存在一定程度的变形。2020 年 6 月 18 日，开展低电压短路阻抗测试以及绕组连同套管电容量测试，复测结果与前次测试值一致。根据测试结果显示，中压绕组可能已经失稳，再次遭受短路冲击将很大概率导致主变损坏，主变继续运行存在较大风险。考虑到该 110 kV 变电站 N-1 方式下运行风险在可控范围内，2020 年 7 月 14 日将 2 号主变返厂进行维修处理，发现变压器绕组发生变形。

3　案例分析

3.1　现场试验

2020 年 6 月 10 日，针对主变开展电气试验检查，结果显示绕组连同套管的 $\tan\delta$ 及电容量试验、绕组变形、短路阻抗法试验存在异常：

（1）从阻抗法测试结果来看，其高-低阻抗值未见异常，高-中阻抗值三相均与铭牌值存在 8%~10% 的纵向偏差，且三相横向偏差为 5%。

（2）从绕组连同套管对地电容量分析，本次测试值与出厂值对比：① 高压-中压、低压及地的电容量减小 8.04%；② 中压-高压、低压及地的电容量增加 20.34%；③ 低压-中压、高压及地的电容量增加 29.88%；④ 高压、中压、低压-地的电容量无异常。查阅上次试验值（2015 年）与出厂值对比未见明显变化。

2020 年 6 月 18 日，针对主变开展电气试验复测，6 月 18 日更换测试设备复测数据与 6 月 10 日测试数据相比一致性较好，纵向偏差在 1% ~ 0.5%。

3.2 绕组连同套管的 tanδ 及电容量试验

试验时间：2020 年 6 月 10 日。

温度：35.1 ℃。

湿度：23.9%RH。

（1）绕组连同套管电容量测试值，见表 1。

表 1 绕组连同套管电容量测试值

测量部位	出厂值/nF	2015 年测试值/nF	本次测试值/nF	2015 年测试值与出厂值纵比偏差/%	本次测试值与出厂值纵比偏差/%
高压-中压、低压及地	13.06	13.01	12.01	−0.38	−8.04
中压-高压、低压及地	18.68	18.67	22.48	−0.05	20.34
低压-中压、高压及地	16.43	16.65	21.34	1.34	29.88
高压、中压、低压-地	13.25	13.32	13.31	0.53	0.45

（2）绕组连同套管 tanδ 测试值，见表 2。

表 2 绕组连同套管 tanδ 测试值

测量部位	出厂值/%	2015 年测试值/%	本次测试值/%	2015 年测试值与出厂值纵比偏差/%	本次测试值与出厂值纵比偏差/%
高压-中压、低压及地	0.26	0.22	0.199	−15.38	−23.46
中压-高压、低压及地	0.24	0.19	0.197	−20.83	−17.92
低压-中压、高压及地	0.42	0.21	0.223	−50.00	−46.90
高压、中压、低压-地	0.61	0.25	0.256	−59.02	−58.03

3.3 绕组变形测试

（1）频响法测试，见图 1。

试验时间：2020 年 6 月 10 日。

温度：35.1 ℃。

湿度：23.9%RH。

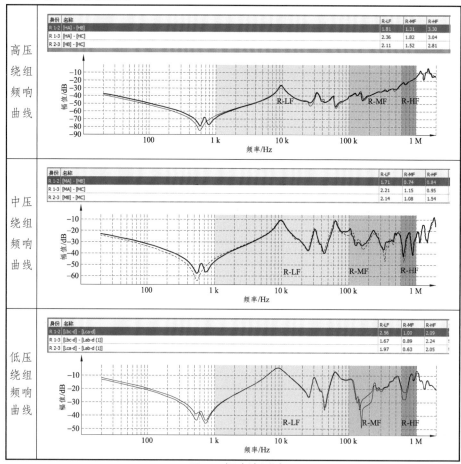

图 1 频响法测试

（2）低压短路阻抗法测试，见表 3。

试验时间：2020 年 6 月 10 日。

温度：35.1 ℃。

湿度：23.9%RH。

表3 低压短路阻抗法测试

测试部位	分接位置	A	B	C	横向最大互差/%	三相实测值	出厂值	纵向偏差/%
H-L/%	1	17.89	17.95	17.91	0.33	17.92	17.87	0.28
	10	17.65	17.70	17.66	0.28	17.67	17.63	0.23
	19	18.21	18.27	18.20	0.38	18.23	18.34	0.60
H-M/%	1	11.40	10.80	11.24	5.38	11.14	10.25	8.68
	10	11.04	10.40	10.87	5.94	10.77	9.86	9.23
	19	11.45	10.81	11.27	5.72	11.18	10.15	10.15

110 kV 2 号主变绕组变形测试结果不符合规程和相关标准要求，从两次测试结果分析，怀疑中压绕组三相整体存在一定程度的向内收缩变形，中-低绕组间距离减小，导致中压-高压、低压及地实测电容增大。同时中压绕组的向内收缩使中压-高压绕组距离增大，导致高压-中压、低压及地实测地电容减小。因低压与高压绕组不存在明显变形，故绕组整体对地电容保持不变。低压短路阻抗测试结果显示高-低正常、而高-中结果超规程值一定程度上也与该推断相符。

根据测试结果显示，中压绕组可能已经失稳，再次遭受短路冲击将很大概率导致主变损坏，主变继续运行存在较大风险。建议 110 kV 2 号主变返厂进行维修处理。

3.4 返厂情况

2020 年 7 月 14 日，对变压器进行吊罩继吊芯，解体检查发现：

主变高、中、低压 A、B、C 三相线圈均存在变形的情况。其中高、低变形程度较低，存在鼓包、垫块存在位移情况，上端出头处的绑扎紧固完好，见图 2。

中压 A、B、C 三相线圈发生明显辐向变形，A、C 相因电磁力挤压绕组出现弯曲，B 相呈现分布式变形，并存在局部绝缘破损情况，但无碳化、发热、放电痕迹，见图 3。

B 相高压线圈存在轻微变形　　　　　　　C 相低压线圈存在轻微变形

图 2　高压及低压绕组变形

A 相中压线圈存在明显变形　　　　　　B 相中压线圈存在明显辐向变形

图 3　中压绕组变形

3.5　原因分析

　　根据现场检查、电气试验、解体检查方因素综合分析认为：因该变压器为 2003 年产品，高、中、低压线圈采用早期技术的纸包导线，导线强度偏低，变压器自身存在抗短路能力不足，同时运行中变压器中压侧遭受近区短路冲击导致了该主变中压侧的绕组变形。高、低压侧绕组由于中压侧线圈变形挤压导致变形。

4　监督意见

（1）主变中压侧线圈变形后导致部分绝缘破损，继续运行易导致主变股间、匝间绝缘击穿，引起主变的故障。结合绕组变形试验及返厂解体检查情况，该主变不具备现场继续正常运行条件。

（2）对同厂、同型主变，加强运维，开展专项检查等相应工作，防止变压器短路损坏。

（3）跟踪监造主变的大修工作，确保变压器大修后满足目前运行方式下的抗短路能力要求。

110 kV 变压器低压铜排夹持件移位导致绝缘距离不足击穿放电

监督专业：绝缘监督　　　　　　　　　　监督手段：故障分析
监督阶段：设备运维　　　　　　　　　　问题来源：设备制造

1　监督依据

Q/GDW 1168—2013《输变电设备状态检修试验规程》第 5.1.1.1 条中表 2 规定：① 乙炔≤1 μL/L（330 kV 及以上），乙炔≤5 μL/L（其他）（注意值）；② 氢气≤150 μL/L（注意值）；③ 总烃≤150 μL/L（注意值）。

2　案例简介

2021 年 5 月 10 日 14 时 34 分 26 秒，220 kV 某变电站 110 kV 某线路保护动作跳闸，重合不成功，14 时 34 分 28 秒 1 号主变差动保护及本体重瓦斯动作跳闸。查看保护动作情况，第一次跳开时故障电流最大为 13.44 kA，该变电站 1 号主变受到两次短路冲击。后对该 110 kV 电缆线路进行故障排查，发现在距离该变电站 2.96 km 的地方，电缆线路存在 C 相单相接地故障。

3　案例分析

3.1　现场试验

2021 年 5 月 10 日，运检人员对某 220 kV 变电站 1 号主变压器进行油化试验，1 号主变本体油色谱及瓦斯气体试验超标，根据三比值法计算编码为 112，判断故障类型为电弧放电。具体试验数据见表 1。电气试验：1 号主变故障后检查性试验，包括本体绝缘电阻、铁心及夹件绝缘电阻、套管介损及电容量、绕组直流电阻、变比、绕组变形。依据 DL/T 911—2004 分析，初步判断 3 号主变变高 B 相绕组、变低 C 相绕组轻微变形，其余均试验结果合格，与历史试验数据基本一致。

表 1　变压器试验数据　　　　　　　单位：μL/L

试验时间	H_2	CH_4	C_2H_6	C_2H_4	C_2H_2	CO	CO_2
2020-11-16	32	10.1	1.9	0.7	0	820	2 897
2021-5-10（瓦斯气换算后的油中理论值）	2 874	117	77.6	535	481.1	1 211	1 313
2021-5-10（油）	1 891	117	58.2	493.8	429	815	3 393

3.2　现场检查情况

C 相低压绕组出线接头附近三相低压引线铜排存在明显放电痕迹，对应位置的油箱壁有放电痕迹。故障位置附近 3 处铜排绝缘夹持件固定穿心螺杆断裂，夹持件出现较大移位现象（见图 1）。靠近故障位置左侧的穿心螺杆与右侧 2 根断裂断面存在明显差异。C 相绕组分解完成，除低压绕组底部存在 3 处轻微垫块移位现象，高、中、调压绕组未发现明显异常。

图 1　夹持件位移情况及放电点

3.3　原因分析

根据故障现象判断本次故障原因可能为靠近故障位置左侧铜排绝缘夹持件

固定穿心螺杆在本次故障前已断裂，夹持件向左侧位移，导致 C 相接头自由度过大，在本次线路故障穿越电流作用下发生相间及对地短路。螺杆断裂原因可能有材质问题、安装不当、短路电动力下的剪切力作用等。

4　监督意见

针对主变变低铜排夹持件只有一个固定、夹紧共用穿心螺杆和一个夹紧螺杆结构，建议厂家优化变压器低压铜排夹持结构，提高可靠性。变压器设备验收时，应严格开展各项检查和试验，加强施工关键点监督和检查，把好投运前技术监督关口，严防设备带"病"投入运行。

110 kV 主变使用不符合南网反事故措施要求的有载分接开关

监督专业：设备监造　　　　　　　监督手段：现场验收
监督阶段：到货验收　　　　　　　问题来源：生产制造

1　监督依据

《中国南方电网有限责任公司 110 kV 及以上电压等级变压器监造标准（2018 版）》；

《南方电网公司反事故措施（2020 版）》。

2　案例简介

某 110 kV 主变供应商是某电力设备有限公司，该合同于 2015 年 4 月签订，2020 年 8 月完成生产。经工程验收组现场验收，发现该公司使用的某型号有载分接开关（ZVMⅢ400-72.5）不符合南网反事故措施要求。

3　案例分析

3.1　安装现场验收

110 kV 主变新建 110 kV 2 号主变有载分接开关为 ZVMD、ZVM 型号（编号为 91/92 开头）系列真空型有载调压开关，已被列入《南方电网公司反事故措施（2020 版）》进行管控，且未按南网公司《真空有载分接开关故障分析及运维措施研讨会会议纪要》（纪要〔2019〕2 号）要求，提供相应的评估报告及真空分界开关油室、储油柜增大容积证明材料，投运后运维部门需每 6 个月进行一次油色谱分析，1 年后吊芯检查，吊芯检查前，不能进行有载调压，将面临 110 kV 主变强迫停运三级电力安全事件风险。

由于不满足反措要求,启委会验收组要求 2020 年 12 月 30 日前完成 110 kV 2 号主变有载分接开关更换。

3.2　原因分析

(1)该设备监造前未将同期用户公司反事故措施要求告知设备供应商。

(2)出厂试验见证提出的"××型号有载开关,需要核实该项目有载开关操作机构是否满足南方电网反措要求",在后续未形成闭环。

(3)工程的技术管理和物资品控管理未配合好完成相应工作流程。

4　监督意见

(1)品控技术监督应充分做好设备制造开工前技术审查,设备制造过程中监造人员一定履行好工作职责,缺陷和疑似缺陷要汇报用户技术管理部门形成闭环。严格执行"出厂放行单"工作制度争取把缺陷处理在供货商厂内,给现场安装留下合理工期。

(2)由于合同执行期时间长,在此期间新的反措要求在合同签订时未能明确,在设备出厂时,应有效协同供应商对相关反措执行的落实。已生产完成可以更换的及时更换,不能更换的按合同执行。

110 kV 变压器绝缘裕度不足导致运行中总烃超标

监督专业：绝缘监督　　　　　　监督手段：预防性试验
监督阶段：运行维护　　　　　　问题来源：设计制造

1　监督依据

　　Q/CSG 1206007—2017《电力设备检修试验规程》第 6.1.1 条中关于油中溶解气体色谱分析的规定，运行变压器油中溶解气体总烃含量超过 150（μL/L）应引起注意。

2　案例简介

　　110 kV 某变电站 110 kV 2 号主变（型号 SFZ10-90000/110）于 2019 年 6 月 20 日进行离线油色谱分析时发现油中总烃超过标准值，持续跟踪取样分析总烃值随负荷增长有轻微上涨趋势。为确保设备及人身安全，消除油色谱异常隐患，该主变于 2020 年 3 月 14 日进行现场吊罩检查处理。吊罩检查发现主变低压侧 C 相绕组上部夹件拉杆螺栓金属垫圈与夹件绝缘距离不足，存在放电烧蚀痕迹，造成油中总烃增长。

3　案例分析

3.1　试验数据分析

　　跟踪分析该 110 kV 2 号主变油色谱数据，自 2019 年 6 月 20 日起每 7 天进行一次离线油色谱分析，油色谱数据见表 1。

表 1　主变油色谱数据　　　　　　　　　　　　单位：μL/L

日　期	H_2	CO	CO_2	CH_4	C_2H_6	C_2H_4	C_2H_2	总烃
2019-6-20	90.79	91.10	627.21	118.71	33.29	180.40	0.90	333.29
2019-7-15	191.96	118.90	723.79	167.10	44.86	236.69	0.82	449.48
2019-7-31	159.91	109.11	653.26	175.53	44.19	232.85	0.77	453.34
2019-8-8	178.37	141.07	694.59	187.58	47.20	249.14	0.80	484.72

　　根据色谱数据分析，判断变压器内部存在故障，C_2H_4 含量增加明显，CO 和 CO_2 有少量增加，C_2H_2 含量小于 1。采用三比值法判断故障类型，按照编码规则计算的编码组合为 "0、2、2"，故障具有高温过热特征，且温度高于 700 ℃。通过结合运维数据和油色谱数据分析可得以下结论：

　　（1）降低负荷可以控制主变总烃产气量，当负荷低于 11 428 kW 时，总烃产生量几乎停止，负荷 P 与总烃量有一定的关系；

　　（2）对 2 号主变压器铁心接地电流检测数据表明，接地电流完全在标准范围之内，排除 2 号主变压器铁心两点接地造成过热的可能。初步判断热故障原因应该是金属过热，可能涉及内部金属结构件、开关触头、低压引线接触不良、线圈股间短路等，由于这些故障外部无法观察判断结论，考虑对该主变进行停运检查处理。

　　对该 110 kV 2 号主变进行停电直流电阻、绕组绝缘、铁心夹件对地绝缘、绕组变形等常规电气试验，数据未见异常。

　　进行排油内检，待油全部放完后打开人孔，在保证油箱内部正常通风状态下，开展钻检工作。检查分接开关所有连接部位的螺栓是否松动；检查可视部分的螺栓、夹件、压钉、垫块、绝缘件是否松动。钻检发现低压绕组出线与油箱壁之间空间狭小，人员无法正常通过，导致主变低压侧 B、C 相及其周围约 1/3 器身部分存在检查盲区，除该区域外钻检结果未见异常。由于钻检空间狭小，观察角度受限，加上低压侧存在大量检查盲区，在钻检未见异常情况的前提下，进行现场吊罩检查。

3.2　现场吊罩检查

　　吊罩检查发现主变低压侧 C 相绕组上部夹件拉杆螺栓金属垫圈与夹件绝缘

距离不足，存在放电烧蚀痕迹，见图1。取下该处拉杆螺栓，发现其金属垫圈、绝缘垫片及临近夹件表面存在烧蚀痕迹，见图2。对其余器身进行检查，未见异常。

图 1   故障位置

图 2   故障部位烧蚀痕迹

3.3   原因分析

主变为夹件由高压、低压两侧构成，夹件在上部统一连接后一点引出接地，而两侧在铁心旁通过拉杆进行紧固连接。拉杆所处的线圈上端漏磁通较大，设计时为减小附加损耗不做载流考虑，所以拉杆一端与高压侧夹件直接连接接地，另一端与低压侧夹件间使用绝缘垫起，避免拉杆与两侧夹件形成闭合回路再由线圈漏磁通穿过产生环流。

由于该主变拉杆绝缘侧金属垫圈与压钉设计距离裕度不足，加上垫圈直径大于拉杆直径，主变长期运行振动导致垫圈下沉与夹件虚接，在漏磁影响下产生环流。虚接处接触电阻较大，环流通过后放电发热，造成过热发黑、烧蚀并产生烃类气体。漏磁通和变压器负载呈正比，负载减少后环流随之减小，总烃值趋于稳定。该故障现象完全符合油色谱三比值分析的高温过热结果，同时检查主变其他位置未见异常，可认为该主变总烃异常升高的原因确为拉杆通过金属垫圈与夹件虚接导致。

图 3　夹件连接示意图

出厂温升试验及投入运行后首年未见异常，说明出厂及投运前期金属垫圈与夹件没有虚接，经过一段时间运行振动后垫圈下沉导致故障。此外，夹件本身并未多点接地且与铁心绝缘良好，导致常规试验及运维措施无法发现。

3.4　处理措施

现场将已烧蚀的拉杆绝缘垫片和金属垫圈垫片进行更换，同时进行切边处理，保证金属部件与夹件之间有 15 mm 的绝缘距离，防止两侧夹件通过拉杆连接，如图 4 所示。同时为预防类似故障再次发生，对器身上对称位置类似结构的 3 处拉杆也进行相同处理。

图 4　处理措施

4 监督意见

变压器在设计制造时，考虑到经济性往往会将绝缘裕度压缩，加强入网变压器型号审查工作可有效降低设计问题导致的变压器故障，同时在设备设计联络会和制造过程中应充分发挥技术监督作用，杜绝设备先天缺陷。

110 kV 变压器施工现场未按要求储存导致 铁心夹件绝缘异常

监督专业：绝缘监督　　　　　　　　监督手段：交接试验
监督阶段：安装阶段　　　　　　　　问题来源：设备储存

1　监督依据

Q/GDW 1168—2013《输变电设备状态检修试验规程》第 5.1.1.1 条中表 2 规定，铁心绝缘电阻≥100 MΩ（新投运 1 000 MΩ）（注意值）。

南方电网公司《110 kV-500 kV 交流电力变压器技术规范书》第 10.3 条规定，储存期 6 个月以内，应采取以下 3 种方式进行储存：

（1）安装储油柜储存。

（2）变压器油箱密封良好，充干燥空气（露点-50 ℃ 及以下）10 ~ 30 kPa 储存，存储期间对气体压力进行检测，保持压力大于 10 kPa。

（3）采用充油储存，油位在箱顶下 150 mm 以上；上部应充干燥空气（露点 -50 ℃ 及以下）10 ~ 30 kPa，存储期间对气体压力进行检测，保持压力大于 10 kPa。

2　案例简介

2018 年 11 月，基建调试人员对某新建 110 kV 变电站 1 号、2 号主变压器（型号均为 SSZ11-40000/110）进行交接试验，发现两台变压器铁心对地、夹件对地绝缘电阻值远远低于变压器出厂试验值。设备返厂吊芯检查，发现两台 110 kV 变压器底部残留大量水分，底部绝缘板和玻璃丝板存在大量金属性污垢。

3　案例分析

3.1　现场试验

2018 年 11 月，基建调试人员对某新建 110 kV 变电站 1 号、2 号主变压器

（型号均为 SSZ11-40000/110）开始进行交接试验。试验发现，两台主变铁心、夹件绝缘电阻测试值远远低于标准要求，测试结果见表 1。

表 1　变压器试验数据　　　　　　　　单位：MΩ

1号主变	实测值	2号主变	实测值
铁心绝缘电阻值	7.67	铁心绝缘电阻值	15.8
夹件绝缘电阻值	7.77	夹件绝缘电阻值	0.06
铁心对夹件绝缘电阻值	0.55	铁心对夹件绝缘电阻值	7.03

查看两台主变的出厂试验报告，其铁心、夹件相关绝缘电阻值均为 2 000 MΩ 以上，依据 Q/GDW 1168—2013《输变电设备状态检修试验规程》第 5.1.1.1 条表 2 中"铁心、夹件绝缘电阻≥100 MΩ（新投运 1 000 MΩ）（注意值）"判定为不合格。为排除其他因素，现场进行脱开铁心夹件引出小套管等处理后，试验仍不合格。判断现场不具备进一步检查处理条件，决定返厂进行处理。

3.2　返厂情况

两台变压器于 2018 年 12 月返厂，业主方专业人员参与吊罩检查，经检查发现：两台变压器器身已受潮，油箱底部残留大量水分，已形成片状水块，在油中呈淡褐色，见图 1。

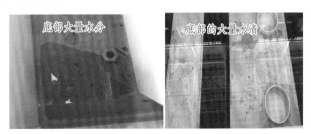

图 1　变压器底部存在大量水分和水渍

生产厂家工作人员将变压器芯体送入炉体，进行气相干燥 51 h 后，对变压器绝缘件、螺栓进行检查紧固，对器身及油箱进行清理后进行总装。最后对变压进行全套出厂试验，全部试验数据合格。

3.3　原因分析

吊罩发现器身受潮后，对基建施工工艺文件进行调查。发现施工方在现场未按照业主单位《110 kV-500 kV 交流电力变压器技术规范书》对变压器进行储存。在 7 月 31 日至 11 月 2 日 3 个月的储存期间，该变电站 1 号、2 号主变采用充油储存（未安装储油柜），两台主变虽充油至油位淹没器身顶部，但并未向油箱顶部未充油部分充入干燥空气，使主变保持正压，因采用真空注油方式，该主变形成负压，适逢雨季，易导致吸水受潮；同时两台主变因处理上铁轭固定螺栓滑落等缺陷，在 11 月前后进行两次吊罩，在 11 月 2 日至 11 月 12 日两次吊罩检查之间虽然充入氮气，但并未安装压力表对气体压力进行监测，故保存期间，油箱密封性无法保证，也存在受潮风险。

4 监督意见

变压器设备验收时，应严格开展各项检查和试验，加强施工关键点监督和检查，在设备储存等容易忽视的监督点上下功夫，杜绝人为原因造成设备未投产即损坏。对于基建施工问题多发的施工承包商，应对其进行相应约谈、考核。

110 kV 变压器夹件绝缘破损导致夹件绝缘电阻低

监督专业：绝缘监督　　　　　　　监督手段：交接试验
监督阶段：设备运维　　　　　　　问题来源：设备制造及运输

1　监督依据

GB 50150—2016《电气装置安装工程 电气设备交接试验标准》第 8.0.6.4 条、Q/CSG 1205019—2018《电力设备交接验收规程》第 5.1.5 条规定，对变压器上有专用的铁心接地线引出套管时，应在注油前后测量其对外壳的绝缘电阻。

Q/CSG 1206007—2017《电力设备检修试验规程》第 6.1.1 条中表 1 规定，铁心及夹件绝缘电阻与以前测试结果相比无显著差别。

2　案例简介

2021 年 8 月，某 110 kV 变电站新建间隔工程中，110 kV 主变运输至变电站后现场破氮安装附件过程，供应商技术人员对铁心、夹件开展绝缘电阻试验，发现夹件对地绝缘电阻仅为 1 MΩ。供应商技术人员现场开展处理，但夹件对地绝缘电阻无法恢复至出厂水平，最终主变返厂吊罩处理。设备返厂吊芯检查，发现变压器器身底部夹件与油箱箱壁绝缘纸板破损，现场更换器身底部绝缘纸板，夹件对地绝缘电阻恢复至≥1 000 MΩ。

3　案例分析

3.1　出厂资料及现场试验

2021 年 8 月某 110 kV 变电站新建间隔工程中 110 kV 主变运输至现场就位后发现夹件对地绝缘电阻仅为 1 MΩ。为排查主变出厂、运输过程中造成夹件对地绝缘电阻低原因，对出厂试验报告进行核查，未发现异常。铁心及夹件对地绝缘电阻值如表 1 所示。对主变运输过程中氮气压力值（大于 10 kPa）及三维冲撞记录仪记录数值（小于 3g）进行检查，未发现异常。

表 1　变压器出厂试验数据

试验时间	2021-6-30	温度	32 ℃	湿度	12%	天气	晴
使用仪表	S1-568 绝缘电阻测试仪				上层油温		29.2 ℃
铁心对地	绝缘电阻表单位 2 500 V			≥1 000 MΩ			
夹件对地	绝缘电阻表单位 2 500 V			≥1 000 MΩ			
铁心对夹件	绝缘电阻表单位 2 500 V			≥1 000 MΩ			

3.2　返厂情况

2021 年 8 月 15 日对变压器进行吊罩及吊芯检查，发现变压器器身底部夹件与油箱箱壁绝缘纸板破损（见图 2）。变压器器身夹件底部存在 2 层绝缘纸板及一层胶垫，胶垫主要作为变压器降噪使用，使用半导体材料不具备绝缘性能，在绝缘纸破损的情况下，变压器夹件与油箱箱壁绝缘失效，导致绝缘电阻明显降低。

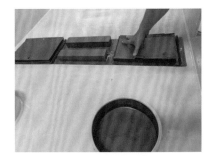

图 2　变压器器身底部绝缘纸板存在破损

供应商工作人员将变压器器身底部绝缘纸板进行更换，对变压器铁心、夹件对地绝缘电阻测试进行测试，夹件对地绝缘电阻恢复至≥1 000 MΩ，检测数据合格。更换绝缘纸板后的图片见图 3。

3.3　原因分析

变压器在运输过程中受限于变电站位置偏远存在转运过程，转运过程三维冲撞记录仪记录数值（2.4g）未超要求，但运输过程器身存在移位导致底部绝缘纸板破损，造成夹件绝缘性能降低。

图 3　变压器器身夹件与油箱箱壁绝缘纸板更换后的情况

4　监督意见

变压器监造过程应注意器身底部绝缘结构及绝缘厚度，避免转运过程中导致绝缘破损的情况，出厂运输过程应严格按照相关技术规范书要求执行，如三维冲撞记录仪数据记录、运输过程中氮气压力值记录及补气记录，交接验收过程中应对该部分内容进行检查，避免设备运输、存储过程导致设备绝缘受潮、破损等问题。

110 kV 主变雷电冲击试验不合格

监督专业：绝缘监督　　　　　　　　　　监督手段：出厂试验
监督阶段：设备试验　　　　　　　　　　问题来源：设备制造

1　监督依据

GB/T 1094.4—2005《电力变压器 第 4 部分：电力变压器和电抗器的雷电冲击和操作冲击试验导则》9.1 部分规定，在闪络的瞬间，将会在电压波上出现振荡的特征，小量的、局部的、锯齿状的或许会持续 2 μs 或 3 μs 的畸变，有可能表示匝间、段间或线圈引线间的绝缘发生严重的放电或局部击穿。

2　案例简介

某变电站一台 110 kV 气体绝缘变压器进行出厂试验时，雷电冲击试验发生 4 次放电、波形截断现象。吊罩检查发现多处绝缘撑条（不饱和聚酯材料）存在纵向贯穿性放电现象。采用新工艺撑条，并进行型式试验，新工艺生产撑条 X 光检测和 CT 检测无裂痕，更换撑条后的变压器出厂试验合格。

3　案例分析

3.1　现场监造情况

2020 年 8 月 13 日，某 110 kV 变电站 110 kV 变压器出厂试验时，雷电冲击试验发生 4 次放电、波形截断现象，如图 1 所示。吊罩检查发现多处绝缘撑条（不饱和聚酯材料）存在纵向贯穿性放电现象，在撑条内部形成放电通道。检测 SF_6 气体质量无异常，使用 X 光、CT 检测同批次库存撑条内部存在裂痕，如图 2 所示。

监造人员要求现场管理人员、质量部人员及现场作业员立即对该批次产品更换撑条。撑条采用新工艺进行生产并进行型式试验，增加 X 光检测撑条内部缺陷。

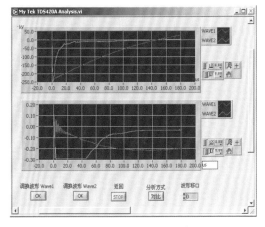

图 1　雷电冲击试验不合格

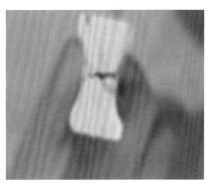

图 2　存在裂纹

3.2　整改后情况

撑条重新采用新工艺进行生产，并进行型式试验，同时增加了 X 光检测撑条内部缺陷，新工艺生产撑条经 X 光检测和 CT 检测无裂痕，机械电气试验合格，随后对变压器撑条进行更换，变压器出厂试验合格，见图 3。

图 3　再次绕包单边尺寸符合图纸要求

3.3 原因分析

撑条生产过程未按工艺要求，擅自提高了撑条引拔速度；撑条成品质量检验只进行外观目测及机械、耐压试验，未进行撑条内部缺陷检测。

4 监督意见

通过品控技术监督切实督促厂家强化作业人员技能培训和指导现场作业，对于新工艺产品需开展型式试验验证，验证合格后方能投入使用。

供应商在使用新工艺、新材料等技术时，应征得业主相关技术标准的同意并确认。

35 kV 主变铁心电流试验数据异常

监督专业：绝缘监督　　　　　　　　监督手段：交接试验
监督阶段：设备运维　　　　　　　　问题来源：设备制造

1　监督依据

Q/CSG 1206007—2017《电力设备检修试验规程》第 6.1.1 条中表 1 规定，油浸式电力变压器的检修项目、周期、要求和负责第 2 条：变压器本体铁心接地检查铁心、夹件外引接地应良好，测试接地电流在 100 mA 以下（接地线引下至下部，具备运行中测量的条件时开展）。

QB 50150—2016《电气装置安装工程 电气设备交接试验标准》第 5.7.0.9 条规定，绝缘电阻值不低于产品出厂试验值的 70%。

Q/GDW 1168—2013《输变电设备状态检修试验规程》第 5.1.1.1 条中表 2 规定，铁心绝缘电阻≥100 MΩ（新投运 1 000 MΩ）（注意值）。

2　案例简介

2021 年 3 月 6 日，变电站值班人员对某 35 kV 变电站 1 号主变（型号：SZ11-6300/35）铁心和夹件接地泄漏电流测试，测试值为 3.9 A。根据 Q/CSG 1206007—2017《电力设备检修试验规程》第 6.1.1 条中表 1 规定，变压器本体铁心接地检查铁心、夹件外引接地应良好，测试接地电流在 100 mA 以下，现场已超过规程要求，需对该变压器进行停电检查处理。

3　案例分析

3.1　现场试验

2021 年 3 月 10 日，检修人员对运行中的 35 kV 1 号主变（型号：SZ11-6300/35）取油样，进行油色谱试验，试验结果正常。具体数据如表 1 所示。

表 1　测定结果

H₂	CO	CO₂	CH₄	C₂H₂	C₂H₄	C₂H₆	O₂	N₂	总烃	水分/（mg/L）	含气量/%
13.30	71.27	446.92	1.49	0	0	0			15.49	5.6	1.98
单位：μL/L											
注意值：	总烃≤150 μL/L　　H₂≤150 μL/L										
判定标准	Q/CSG 1205019—2018《电力设备交接验收规程》										
仪器型号	GC-2014C										
分析意见	合格										

H_2 ≤ 150 μL/L，CO_2

2021 年 3 月 11 日检修人员综合分析认为，造成铁心及夹件多点接地的原因可能是铁心毛刺、焊渣或悬浮物引起的接地故障。如用电焊进行大电流冲击法，现场操作不方便，点焊时间不好掌握，易造成铁心绝缘受损。遂采用电容放电法进行处理，电容器瞬间放电将产生巨大的电流，将可能存在的铁心毛刺、焊渣熔化或烧断残留杂物；或电容器瞬间大冲击电流产生的电动力使残留杂物移开原来位置，消除多点接地（见图 1）。

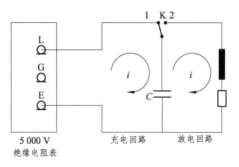

图 1　电容器放电冲击原理

经过多次电容器充电放电冲击，铁心对地绝缘均稳定在 0.5 ~ 0.7 MΩ，铁心对地绝缘始终未恢复。

3.2　返厂情况

3 月 17 日对变压器进行吊罩及吊芯检查，发现变压器穿心螺杆上的绝缘纸磨破（见图 2）；工作人员拆下穿心螺杆重新包扎绝缘纸（见图 3），并使用绝缘板加强了绝缘，并对变压器穿心螺、绝缘夹件进行紧固。变压器重新组装后，对变压器铁心、夹件对地绝缘电阻测试进行测试，检测数据合格。

图 2　穿心螺杆上磨破的绝缘纸　　　图 3　重新包裹的绝缘纸

同时生产厂家对变压器芯体进行检查，判定其他部位正常，对变压器重新组装后，对变压器铁心、夹件对地绝缘电阻测试进行测试，数值为 34 GΩ，检测数据合格。

3.3　原因分析

（1）变压器在包扎夹件穿心螺杆安装时有偏移，导致夹件的穿心螺杆上的绝缘纸紧贴铁心的边角，在运行过程中，振动将绝缘纸磨破，使铁心和夹件存在两点接地，致使泄漏电流值远超规定值。

（2）变压器在设备组装过程中，施工工艺不标准，厂内工艺把关不良。

4　监督意见

变压器现场组部件安装时，监造人员或业主技术人员应加强关键点监督，确保变压器现场组装按照工艺标准施工，对该型号的变压器发现此类问题及时处理。

10 kV 配电变压器油位计异常导致分接开关异常烧毁

监督专业：绝缘监督　　　　　　　　　监督手段：故障分析
监督阶段：设备运维　　　　　　　　　问题来源：生产制造

1　监督依据

Q/CSG 1206007—2017《电力设备检修试验规程》。

2　案例简介

2021 年 3 月 7 日，某供电局 10 kV 某线全线停电，待补供电所组织抢修人员对线路进行故障查找，待补供电所配电运维抢修人员在查找到 10 kV 某线 T 自扎支线某公变时发现该变压器有烧灼现象。其后对解家村公变进行检查，发现该主变高压侧三相跌落式熔断器熔丝熔断，熔管脱落，低压线路均为绝缘导线，低压侧开关无动作，无低压短路或接地等异常情况。查阅计量自动化系统，故障期间，该配变不存在重过载情况。

3　案例分析

3.1　外观检查

经检查，变压器外观整体情况良好，未见鼓包变形现象，油位计位置可见大量碳化灰尘，无油污痕迹，以手擦拭，为粉末状。现场抢修人员也明确反馈，该故障台区未见喷油或严重油渗漏的情况。

3.2　试验测试

吊芯前对该配变进行了绕组直流电阻和绝缘电阻测试，数据如下：

（1）绕组直流电阻。

直流电阻测试数据如表 1 所示。

表 1　直流电阻测试-低压绕组

低压侧/mΩ			
ao	bo	co	ΔR /%
3.579	3.594	3.640	1.692

表 2　直流电阻测试-高压绕组

高压侧/Ω				
AB	BC	AC	ΔR /%	挡位
7.001	7.029	7.015	0.399	1
10.24	20.59	10.29	75.511	2
6.637	6.664	6.617	0.708	3（运行挡位）
6.467	6.519	6.486	0.801	4
9.386	9.482	18.85	75.274	5

由表 1 可知，该配变低压绕组直流电阻测试数据满足规程要求，但高压绕组在分接开关第 2 挡、第 5 挡直流电阻数据不满足规程要求，为更准确地判断故障，对高压侧直流电阻数据由线电阻换算至相电阻，如表 2 所示。

表 2　直流电阻测试-高压绕组（换算至相电阻）

高压侧/Ω			
AN	BN	CN	挡位
6.973	7.029	7.001	1
-0.060	20.611	-0.060	2
6.610	6.664	6.570	3（运行挡位）
6.415	6.519	6.453	4
7.022	7.094	7 391.210	5

由表 2 可知，该配变高压绕组线电阻换算至相电阻后，在非运行挡位的第 2 挡、第 5 挡，B、C 相电阻明显偏大，C 相电气连接应有断线或虚焊情况，因故障表征与分接开关挡位状态关系密切，且运行挡位（3 挡）下绕组直流电阻数据正常，初步认为是分接开关而非绕组内部短路。

（2）绝缘电阻。

绝缘电阻测试数据如表 3 所示。

表 3 绝缘电阻测试数据

测试部位	$R_{60s}/M\Omega$
高-低及地	150
低-高及地	500
高-低	2 500

由表 3 可知，该变压器整体绝缘情况良好，其层间绝缘（即高压绕组对低压绕组）和整体绝缘情况未明显受损。

综上，根据绝缘电阻及直流电阻数据可知，该配变整体绝缘情况良好，变压器绕组应无大面积匝间短路的情况，故障位置应出现在分接开关位置，分别是分接开关第 2 挡、第 5 挡处。

4 吊芯检查

对该故障配变进行解体检查，在整体吊芯检查前，先拆除油位计，检查实际油位情况，经实际测量，实际油位距离油箱顶部约 135 mm，如图 1 所示，配变已呈缺油状态。吊芯后，绕组整体情况良好，绕组未见鼓包变形，如图 2 所示。

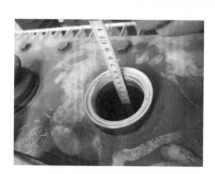

图 1 实际油位测量   图 2 变压器整体情况

重点对分接开关位置进行检查，发现明显烧蚀以及碳化痕迹，且在低压绕组软连接处，也可见明显放电烧蚀现象，见图 3 和图 4。

对油箱内油位线、分接开关离油箱顶部距离、分接开关离低压软连接的实际距离进行测量，实际油箱内油位线为 130 mm，分接开关离油箱顶部距离约 90 mm，分接开关离低压软连接距离约为 83 mm，故障时分接开关未浸泡在变压器油中。

图 3　分接开关处烧蚀痕迹　　　　图 4　低压软连接处烧蚀痕迹

对油位计进行检查，实际油位的颜色指示已无法辨明，但根据油位计不同指示情况下积污痕迹对比，可明显得到，故障时，油位计实际浮漂依旧保持在"油位正常"位置，即该油位计未能真实反映实际油位情况。同时，将该油位计放置在变压器油中进行实际测试，其浮漂也无法随着油位下降而下降，即油位计存在故障，对比相同厂家的油位计，该油位计导杆较同一厂家生产的正常油位计导杆长度偏长 3 ~ 5 mm，见图 5。

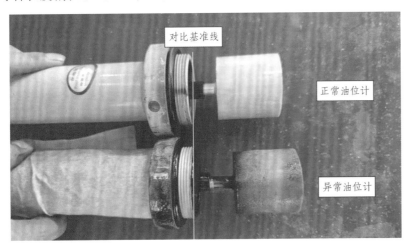

图 5　油位计对比

5　原因分析

综上，结合该配变故障前故障表征、故障情况及测试数据可知，导致该台变压器损坏的直接原因为缺油导致分接开关故障烧毁。

6 监督建议

（1）配电变压器设备验收时应严格开展各项检查和试验，加强施工关键点监督和检查，把好投运前技术监督关口，严防设备带"病"投入运行。

（2）对于问题多发的变压器供应商和组附件供应商，建议加强对其入网产品进行抽样检测。

（3）供应商变压器出厂前做好严格的注油、补油措施，保证变压器出厂时油位和油位指示正常。

断路器篇

500 kV 断路器机构卡滞导致断路器合闸不成功

监督专业：绝缘监督　　　　　　　　　监督手段：交接试验
监督阶段：设备运维　　　　　　　　　问题来源：设备制造

1　监督依据

Q/CSG 1206007—2017《电力设备检修试验规程》第 10 条中表 23 规定，检查机构外观，机构传动部件无锈蚀、裂纹。机构内轴、销无碎裂、变形，锁紧垫片无松动，机构内所做标记位置无变化。

2　案例简介

2019 年 9 月 19 日，某 500 kV 变电站运行人员对 500 kV 某线路开关合闸时断路器合闸不成功，合闸过程中 A 相未动作。后检修人员对断路器本体及机构进行检查发现，现场弹簧操作机构合闸不成功的根本原因是操作机构大齿轮固定螺母松动使其受力偏斜，引起大齿轮和小齿轮啮合卡滞，导致机械传动失效，机构无法合闸。

3　案例分析

3.1　现场检查情况

2019 年 9 月 19 日，检修人员分析机械卡滞的可能原因为断路器本体机械卡滞或机构自身机械卡滞。因此，需要对断路器本体和机构进一步排查。

（1）断路器本体排查。

通过专用工装将断路器能量释放，释放后拆下机构和本体连接连杆，通过专用力矩工装转动断路器本体（见图 1）。本体转动灵活无卡滞，因此可以判断断路器本体无异常。

图 1　本体转动灵活性检查

（2）机构详细排查。

①使用专用工装限制储能弹簧能量，然后使用手动储能手柄进行手动储能，发现无法转动（见图 2）。

图 2　专用工装压弹簧检查

②将合闸弹簧链条接头拆下，检查储能拐臂和链条连接部位轴承，无任何异常发现（见图 3）。

③在储能弹簧和分闸弹簧都没有能量的情况下进行手动储能，依然无法转动。因此，可以确认是由于储能模块零部件卡滞导致机构能量无法释放。

④对机构进一步详细解体。拆解大齿轮侧大螺母时发现可以很轻松拆下，大螺母存在松动异常现象。拆解大螺母后，大齿轮无法拆解，观察发现大齿轮和基座之间圆周方向间隙存在明显差异。再次尝试手动储能，掉出一段断裂齿（见图 4），后可以顺利摇动储能手柄，此时储能模块转动灵活，旋转大齿轮检查

发现大齿轮和小齿轮均存在异常现象（见图 5）。仔细检查大齿轮和小齿轮上的齿轮啮合痕迹，可以明显看出齿轮的啮合痕迹偏向一侧（见图 6）。

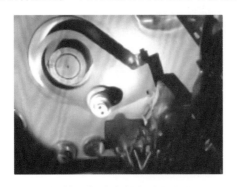 

（a）储能拐臂和链条连接部位　　　　（b）储能拐臂和链条连接部位轴承

图 3　检查储能拐臂和链条连接部位轴承

图 4　掉落的断齿

图 5　齿轮啮合断裂部位

图 6　齿轮啮合痕迹存在明显偏斜

3.2　原因分析

通过以上解体检查过程，可以确认此次现场机构合闸不成功的根本原因是大齿轮固定螺母松动使其受力偏斜，引起大齿轮和小齿轮啮合卡滞，导致机械传动失效，机构无法合闸。

4　监督意见

（1）设备选型阶段提出重新设计大螺母，增加功能间隙，保证大螺母可靠压紧大齿轮，设计防松方法，确保大螺母不会松动。

（2）运行阶段运检人员定期对设备机构进行巡检，对存在螺母松动的进行紧固。

500 kV 断路器液压机构装配不当导致频繁打压

监督专业：机构监督	监督手段：预试定检
监督阶段：设备运维	问题来源：设备制造

1 监督依据

Q/CSG 1206007—2017《电力设备检修试验规程》第 8、9 部分：断路器的液压机构检查。

2 案例简介

2021 年 3 月，检修人员对 500 kV 交流断路器进行定检时，发现某断路器 C 相机构存在频繁打压现象，具体表现为：分闸位置时机构频繁打压，打压间隔时间从最初的 3 min 逐渐缩短为 1 min 以内，而合闸位置则不存在频繁打压现象。现场分析判断操作机构故障劣化存在加速趋势，立即对机构进行返厂解体检查确认。经返厂解体，发现该断路器液压机构的二级阀密封圈处未安装挡圈，密封圈破损导致频繁打压。

3 案例分析

3.1 现场试验

现场分析判断操作机构故障劣化存在加速趋势，机构内部油路可能泄漏，需对整个操动机构进行更换处理，并将更换的机构进行返厂解体检查确认具体泄漏部位。

3.2 返厂情况

2021 年 4 月，某供电局和相关技术人员抵达厂家对频繁打压的断路器机构进行解体分析。解体发现，在低压油缸内的固定螺栓孔处发现黑色胶体颗粒（见图1）。二级阀常高压通道与高低压油转换通道之间的密封 O 形圈破碎，并且缺少白色挡圈，图 1 中发现的黑色胶体异物判断就是密封圈破损部分的残骸（见图 2）。

图 1　机构解体中发现黑色胶体颗粒

（a）常高压通道与高低压油转换通道间实物图

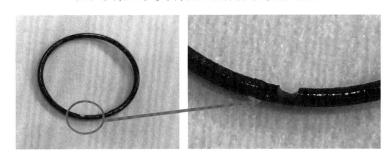

（b）二级阀密封圈破损情况

图 2　二级阀密封圈及阀芯

图 3 是液压机构二级阀的示意图，二级阀具有三个通道，分别是 P、T、Z

三个通道，两个位置，即分闸位置和合闸位置。当断路器在分闸位置时，P 通道为高压油，T、Z 通道为低压油，此时 P 与 Z 通道之间的密封面间存在压差，密封圈破损不完整情况下，因 P 通道与合闸腔（常高压）和储能模块相通，导致储能电机频繁启动以建立设定的额定压力。当断路器在合闸位置时，P、Z 通道为高压油，T 通道为低压油，此时 P 与 Z 通道之间的密封面间不存在压差，不会出现渗漏油情况，自然也就不会出现频繁打压。

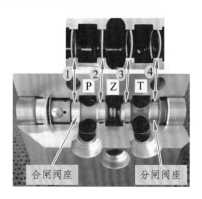

图 3　二级阀阀芯结构示意图

　　而漏装挡圈是造成二级阀常高压通道与压力转换通道间密封圈破损的根本原因，具体原理为：当二级阀 P 通道与 Z 通道密封圈处未装挡圈时，见图 4（a），密封圈在长期高油压作用下，密封圈受压进入阀座与阀体缝隙，受密封槽尖角作用，逐渐形成损伤，最终出现分闸打压频繁的异常问题。而装挡圈后，则不会出现该异常情况，见图 4（b）。

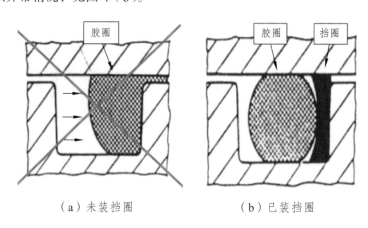

（a）未装挡圈　　　　　　　　（b）已装挡圈

图 4　二级阀 P 通道与 Z 通道密封结构示意图

3.3 原因分析

通过解体可以发现，液压机构二级阀密封圈破损是此次断路器频繁打压的直接原因，而漏装挡圈是密封圈破损的直接原因，也是断路器频繁打压的根本原因。

断路器机构装配工艺不到位是此次断路器频繁打压的真正原因，机构装配是流程化作业，每一个环节疏忽都会影响产品功能或性能。

4 监督意见

断路器机构在出厂时，应严格开展各项检查和试验。供货商应重点加强装配工艺关键点的质量控制，根据工序流程制定工作岗位，根据各工作岗位对人员分层次进行培训，理解和掌握岗位的要求和内涵，以小组为单位，进行小组协作分工；建立质量和安全责任制度，杜绝漏装挡圈这类装配工艺问题的发生。

220 kV 罐式断路器绝缘支撑件导致交接试验绝缘故障

监督专业：绝缘监督　　　　　　　　监督手段：交接试验
监督阶段：设备运维　　　　　　　　问题来源：设备制造

1　监督依据

GB 50150—2016《电气装置安装工程　电气设备交接试验标准》第 12.0.4 条规定，交流耐压试验，应符合下列规定：在 SF_6 气压为额定值时进行试验电压应按出厂试验电压的 80%。

Q/CSG 1205019—2018《电力设备交接验收规程》第 9.1 条中表 15 规定，220 kV 及以下罐式断路器交流耐压的试验电压为出厂试验电压。

2　案例简介

某 500 kV 变电站为新投产变电站，220 kV 断路器为罐式断路器，整站共装设 9 台，2 台为三相联动，7 台为分相操动。2019 年 3 月 9 日至 10 日，对其中 3 台断路器进行耐压试验时发生放电现象。2019 年 3 月 10 日对其中 C 断路器三相分开进行耐压试验均通过。

3　案例分析

3.1　现场试验

（1）2019 年 3 月 9 日，对 A 断路器进行耐压试验时发生放电现象，现场初步排查为 C 相内绝缘故障（见图 1）。

（2）2019 年 3 月 10 日，对 B 断路器进行耐压试验时发生放电现象，现场开盖检查发现：罐体内金属异物（螺栓空内金属屑）未清理干净导致（见图 2）。

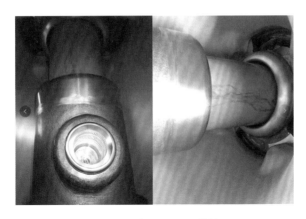

图 1　A 断路器现场开盖情况

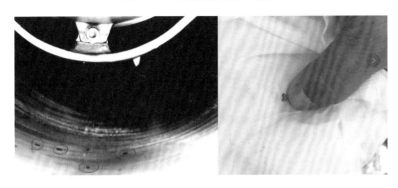

图 2　B 断路器内部放电点及金属块

（3）2019 年 3 月 10 日，对 C 断路器进行耐压试验时发生放电现象，随后三相分开进行耐压试验均通过。现场检查发现：三相罐体底部均存在金属粉末（见图 3）。

图 3　C 断路器罐体底部金属碎末

3.2 返厂情况

2019 年 3 月 23 日，对 A 断路器 C 相进行返厂解体检查，发现：绝缘筒（靠操作机构侧）内外表面均有明显贯穿性放电痕迹，且存在明显电弧引起的起皮和鼓包现象（见图 4）。

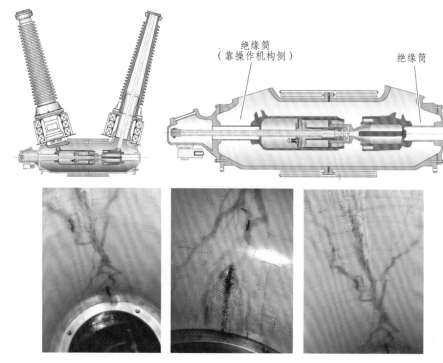

图 4　绝缘支撑筒（靠操作机构侧）位置及放电痕迹

绝缘筒内部层间击穿，主要原因通常为：

（1）层间环氧树脂浸润不均匀导致的空穴，造成局部场强过大；

（2）层间存在异物、污染等情况。

经核查，500 kV 某变 9 台罐式断路器整体绝缘（耐压、局放）和动作特性试验均合格，即出厂试验均合格。

绝缘筒为德国生产，工艺为：纤维布绕制真空浸渍环氧树脂。生产时将纤维布整卷真空绕制、固化形成一个长筒，然后将长筒分为 4 段短筒；出厂时逐个开展耐压、局部放电试验，X 射线为抽检。

为确定绝缘筒击穿原因及验证是否存在批次性缺陷，特在某国家重点实验室开展材料理化试验，试品为故障绝缘筒和随机抽取的新绝缘筒。具体试验为：

① 扫描电镜/能谱；激光共聚焦扫描电镜；② 吸水性能；③ 热分解特性；④ 玻璃化转变温度；⑤ 介电参数的温度及频率特性；⑥ 体积电导率测试；⑦ 耐电弧特性。

扫描电镜试验中发现（其余 6 项试验结果均合格）：

（1）故障绝缘筒是沿内部层间击穿的（见图 5）；

图 5　故障绝缘筒内部电弧通道

（2）故障套筒与新套筒内部均存在裂纹、气孔等缺陷，且显微组织呈现不均匀的状况（见图 6）。

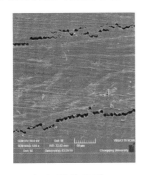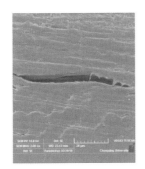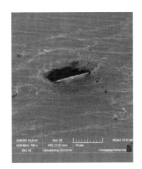

（a）裂纹类型 1　　　　（b）裂纹类型 2　　　　（c）气孔

图 6　显微组织情况

对于以上检测结果存在分歧如下：

（1）故障绝缘筒层间击穿是由于裂纹引发的电场畸变导致还是由于层间污染（金属颗粒）导致；

（2）发现的裂缝是否为取样导致（特别是裂纹类型 2，可以明确为浸润不均匀导致的；裂纹类型 1 为应力导致的，但无法确定应力来源于制作过程、运输过程还是取样过程）；

（3）存在裂纹是否为不合格绝缘筒（目前国家标准、行业标准中均无相关要求）。

综上所述，关注的核心点为：怀疑其绝缘筒存在制作过程中工艺波动导致的质量不一致问题（产生裂纹、气孔）。但对于裂纹或气孔，国家标准（除 GB/T 22079—2008 中 9.4.1 染料渗透试验外）、行业标准、企业标准均没有明确要求。同时，GB/T 22079—2008 中 9.4.1 染料渗透试验主要是验证绝缘材料是否存在贯穿性裂纹，对于非贯穿性的裂纹无法界定。

经专家建议，决定重新取样，进行染料渗透试验（电镜扫描下裂纹无规程界定），染料渗透试验结果合格。证明：该绝缘筒应该不存在贯穿性裂纹。

3.3　原因分析

（1）故障绝缘筒为层间击穿，其存在质量问题，最大可能性为金属异物导致。

（2）该厂家绝缘筒的材料、电气性能均满足现行标准要求。但故障绝缘筒与新绝缘筒中存在非贯穿性的裂纹（现行标准对该情况暂无要求）。

4　监督意见

（1）金属封闭电气设备验收时，应严格开展各项检查和试验，加强关注内部绝缘件相关试验检测的关键点监督和检查，零部件和外购件的质量直接影响到 GIS 本身的质量，应对照技术协议中零部件和外购件的要求对零部件和外购件进行查验，监造工作须核对零部件和外购件的出厂证明或入厂检验记录，应满足相关国家标准和 GIS 生产企业验收标准，应根据订货技术协议中对零部件和外购件的型号、技术参数、生产厂家的要求，核对实物是否相符。

（2）对于绝缘材料的裂纹问题，应通过试验将问题逐一排除，必须通过严格的科学试验，确保结果的正确性、唯一性，减少主观认识。

110 kV 断路器弹簧疲劳导致延时分闸

监督专业：机构监督　　　　　　　监督手段：零部件抽检
监督阶段：出厂监造　　　　　　　问题来源：设备制造

1　监督依据

GB 1984—2014《高压交流断路器》；
GB/T 11022—2011《高压开关设备和控制设备标准的共用技术要求》；
《中国南方电网有限责任公司 35 kV-500 kV 组合电器技术规范》。

2　案例简介

2020 年 1 月 30 日 17 时 11 分,受大风影响,某供电局 220 kV 某变电站 110 kV 弄盈线 34 塔大号侧 40 m 处下方大棚被吹向高空悬挂于三相导线上，造成 220 kV 某变电站 110 kV 弄盈线、盈嘎Ⅱ回线线路跳闸（110 kV 弄盈线与 110 kV 盈嘎Ⅱ回线为同塔线路）。因 110 kV 盈嘎Ⅱ回线 175 断路器延时分闸，延迟时间达 4.2 s，造成 110 kV 盈平Ⅰ、Ⅱ回线、110 kV 滚朋羊线、110 kV 母联、110 kV 盈胜Ⅱ回线先后跳闸,220 kV 某变电站 1 号主变 110 kV 中性点间隙、对侧 110 kV 某变电站 2 号主变 110 kV 中性点间隙击穿。

3　案例分析

3.1　二次方面检查情况

对保护装置、动作逻辑开展检查，二次部分检查未发现与故障相关的问题。

3.2　一次设备现场试验及检查

对 175 断路器进行外观检查、机械特性试验、气体成分、回路电阻测试均未发现明显异常。值得注意的是该断路器机械特性虽然符合厂家要求值，但是处于厂家要求值的下限区域（见表 1）。

表 1　机械特性测试值

相别	分闸时间 （≤30 ms）	合闸时间 （≤100 ms）	合分时间 （≤75 ms）	分闸速度 （4.5~5.5）	合闸速度 （3.3~4）	分闸线圈最低 动作电压
A	26.3 ms	74.8 ms	71.3 ms			
B	26.5 ms	74.0 ms	72.2 ms	5.09 m/s	3.38 m/s	103 V
C	26.4 ms	75.1 ms	70.9 ms			

开展设备操作后机构动态检查发现：在对 175 断路器进行 264 分合后，机构复现了合闸后拐臂不到位的情况。该情况下，因输出拐臂没有运动到被分闸掣子保持住的位置，此时机构不能分闸，需要储能电机继续工作，带动凸轮继续将输出拐臂推至被分闸掣子保持的位置，分闸电磁铁动作，断路器才能实现分闸[经检查，此时断路器操作机构处于半分半合状态，机构合闸凸轮与分闸拐臂相互顶在一起，同时，对断路器的一次主回路进行了测试检查，主回路是导通的；对断路器的辅助开关节点进行测试检查，节点已切换过来（处于合位），分闸回路是导通的]。经测试，在此情况下，分闸电磁铁动作后到分闸完成的时间 3~4 s，与故障情况吻合（见图 1）。

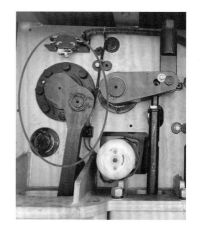

（a）合闸后拐臂正常到位位置（正常情况）　（b）合闸后拐臂不到位（本次异常情况）

图 1　机构存在合闸后拐臂不到位的情况

3.3 解体检查情况

对机构和本体进行解体检查，未发现明显异常。应用专用的工装，对操作机构进行了解体，依次拆除辅助开关、分合闸弹簧、储能轴及凸轮、合闸保持掣子、分闸掣子、输出轴、输出拐臂等。对各零散元器件进行了逐一检查，未发现有卡涩、破损、裂纹及磕碰的痕迹，元器件及机构内部无锈蚀痕迹。检查过程中，尤其对合闸主轴、合闸凸轮外表面及分闸拐臂的滚轴表面进行了详细的检查，并用手进行触摸，未发现有凹凸不平的现象。对断路器本体拆解灭弧室检查，导体、触头、喷口、压气缸等未发现明显异常（见图2）。

（a）分闸弹簧　　　　　　　　　　　　（b）合闸弹簧

 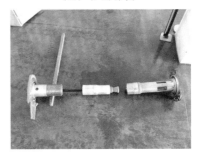

（c）储能轴、凸轮及输出拐臂　　　　　　　（d）灭弧室

图2　现场解体检查情况

3.4 原因分析

综合以上检查情况，对220 kV某变175断路器在重合闸后的延时分闸情况分析如下：

（1）合闸不到位，需要依靠储能电机带动机构至到位位置是造成重合闸后延时分闸的主要原因。

因某厂家已倒闭，该型断路器为仿制西门子的断路器，故应用西门子断路器机构原理图进行具体分析：

① 175 断路器遇到短路故障第一次分闸后，在重合闸动作前，处于分闸已储能的位置（见图 3）。

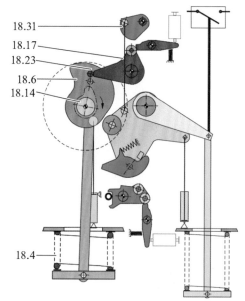
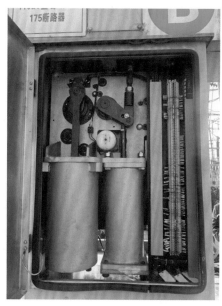

图 3　分闸已储能位置

② 重合闸启动后，合闸弹簧释放，带动合闸连杆向下运动，所连合闸杠杆顺时针转动，带动同一轴上盘形凸轮顺时针转动。合闸弹簧运动后瞬时，微动开关切换，储能回路接通，储能电机动作（见图 4）。

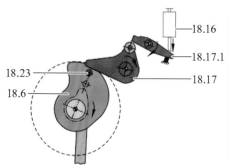

图 4　合闸掣子启动

③ 由于在存在合闸不到位的情况，依靠弹簧力驱动的合闸杠杆转动至图 5 所示位置时停止。此时本体基本到位，辅助开关已切换，但分闸掣子尚未到位。在该状态下，分闸电磁铁能够动作，但由于分闸掣子尚未到位不能动作，且盘形凸轮在该位置阻碍了分闸方向的动作，故虽然有分闸信号，但未能实现分闸动作（见图 5）。

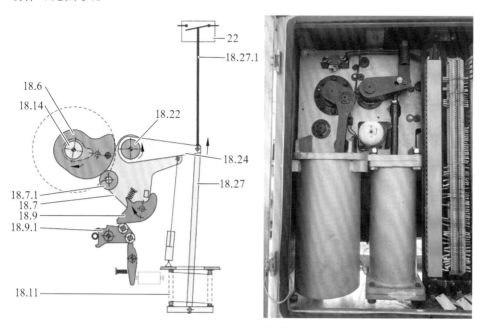

图 5　合闸不到位状态

④ 后续需要依靠储能电机驱动盘形凸轮继续进行顺时针动作，直至盘形凸轮、分闸掣子到位后，方能实现断路器本体的分闸动作。该阶段由于是电机驱动下的盘形凸轮转动，依据现场故障模拟的情况，该阶段的时间为 3~4 s。延迟的时间与重合闸装置动作而短路电流未切除的时间 4.2 s 相吻合（见图 6）。

（2）合闸不到位的主要原因推测为弹簧疲劳造成。因为对机构和本体进行解体检查，未发现明显的碰撞、变形或卡涩等情况，且在故障发生后开始阶段开展了近 263 次试验并未发现合不到位情况，而在操作了 264 次后再合闸过程中大概率出现了合不到位的情况。

如图 7 所示，对拆卸下来的合闸弹簧开展力值计算和试验测量，结果见表 2。发现，合闸弹簧在工作（储能）状态的最大出力 F_2 约为 39 000 N，横向对比较其他厂家的值大；合闸弹簧在释放位置（预压缩位置）的最小出力 F_1 约为 5 000 N，横向对比较其他厂家的值小。经调研，A 厂 LW36-126 型断路器合闸

弹簧 F_1 为 8 272 N，C 厂 110 kV 断路器机构合闸弹簧最小出力 F_1 的设计值约为 17 000 N，B 厂 LW36-126 型机构合闸弹簧最小出力 F_1 约为 10 000 N。从设计的角度看，横向比较某厂家断路器该合闸弹簧最小出力 F_1 偏小。

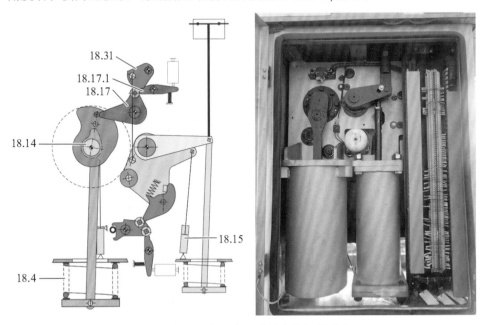

图 6　合闸到位、合闸弹簧未储能的状态

图 7　开展弹簧力值试验装置

表2　合闸弹簧力值计算和试验数据

	计算值（某厂家故障断路器）	试验值（某厂家故障断路器）	A厂LW36-126型断路器机构设计值	B厂LW36-126型机构设计值	C厂设计值
合闸弹簧最小出力 F_1（N）/预压缩位置	5 797	4 255～4 670	8 272±400	10 305～11 242	17 000
合闸弹簧最大出力 F_2（N）/工作（储能）位置	42 415	39 020～39 580	330 880±1 650	32 789～36 109	33 000
分闸弹簧最小出力 F_1（N）/预压缩位置	5 090	4 650～4 695	6 460±323	7 320～8 520	5 300
分闸弹簧最小出力 F_2（N）/工作（储能）位置	28 235	29 305～29 315	21 470±1 074	24 420～26 920	20 000

通过计算，得到合闸弹簧压缩状态下的使用切应力为1 021 MPa。经调研，依据设计经验弹簧的使用切应力设计值一般不超过弹簧抗拉强度的50%，否则易引起弹簧疲劳。弹簧材质按60Si2CrVA考虑，其抗拉强度为1 862 MPa（其50%为931 MPa），该弹簧的剪切应力超过了抗拉强度的一半。分闸弹簧的使用切应力在716～850 MPa的范围，在抗拉强度的一半以内。从实验数据看，分闸弹簧的试验数据与计算数据基本吻合，而合闸弹簧相比试验值的偏差绝对值比较大，说明在运行过程中存在明显的疲劳情况（见表3）。

表3　弹簧试验值与计算值偏差

弹簧位置	试验值与计算值偏差
合闸弹簧最小出力 F_1/N	−19.4%～−26.6%
合闸弹簧最大出力 F_2/N	−6.7%～−8.0%
分闸弹簧最小出力 F_1/N	−7.8%～−8.6%
分闸弹簧最小出力 F_2/N	3.8%

（3）本次故障，在线路存在持续故障的情况下进行重合闸，断路器对短路电流的关合存在的电动力可能使本体存在较大的阻力，故有可能增加合闸不到位的概率。

4 监督意见

（1）监造过程中重点关注断路器的机械特性试验数据，并在预试过程中关注机械特性的变化趋势。

（2）监造过程中对于断路器弹簧是否开展过强压试验进行重点关注并做好抽查等工作，避免投运后由于弹簧疲劳导致断路器存在延时分闸等故障。

110 kV 断路器活塞拉杆缺陷导致未可靠分闸异常

监督专业：工艺监督　　　　　　　　监督手段：出厂监造
监督阶段：出厂试验　　　　　　　　问题来源：设备制造

1 监督依据

DL/T 402—2016《高压交流断路器》第 6.101 条机械和环境试验条规定，组件试验可作为型式试验。供应商应确定适合于试验的组件。

2 案例简介

2016 年某月，运行人员在对某东线送电时，发现 110 kV 某东线 181 断路器 A 相带有负荷电流，B 相、C 相无负荷电流，怀疑 A 相处于合闸位置，B 相、C 相处于分闸位置。设备返厂解体检查，发现该断路器活塞拉杆工艺存在缺陷，活塞拉杆与其折边焊接不良，致使断路器内部活塞拉杆与折边断裂造成断路器未可靠分闸。

3 案例分析

3.1 现场试验

检修人员对 181 断路器回路电阻进行测量，发现：A 相回路电阻为 875 mΩ（即处于合闸位置，但其接触不良）；B 相、C 相处于分闸位置。断路器动作次数：140 多次。

外观检查外部传动机构，并未发现有脱落现象。检修人员将机构与拐臂脱开，脱开机构后，手可以搬动 A 相拐臂，因此怀疑内部动触头与拉杆存在脱落，断路器脱开机构见图 1。

图 1　断路器脱开机构局部

3.2　返厂情况

3.2.1　A 相极柱解体情况

　　厂家技术人员对 A 相极柱进行解体，解体后发现：金属拉杆与触头连接处断裂，且灭弧室部分存在金属碎屑，与下节支柱连接法兰盘处瓷瓶有裂纹，详细情况见图 2。

 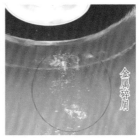

图 2　A 相极柱解体

3.2.2　灭弧室解体情况

　　灭弧室解体发现：

（1）活塞拉杆端部折边断裂，见图3；

（2）动弧触头座（靠活塞拉杆侧）内壁存在严重刮伤，且动弧触头座（靠活塞拉杆侧）内壁的刮痕应该是多次摩擦造成，见图4。

图3　活塞拉杆端部断裂

图4　动弧触头座（靠活塞拉杆侧）内壁

3.2.3　触头与活塞拉杆装配情况

该型断路器动弧触头与活塞拉杆装配情况见图5。活塞拉杆与动弧触头座的固定，主要是靠活塞拉杆端部折边受力。

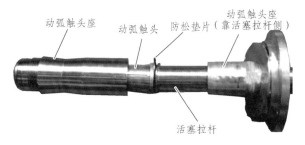

（a）动弧触头与活塞拉杆装配实物图

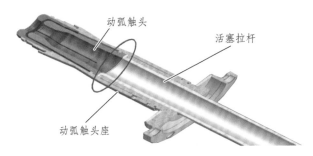

动弧触头

活塞拉杆

动弧触头座

（b）动弧触头与活塞拉杆装配三维图

图 5　动弧触头与活塞拉杆装配情况

3.2.4　活塞拉杆检查情况

由图 3 可见，活塞拉杆端部折边是利用焊接工艺，并配合打磨处理的。通过电子显微镜观察端部断裂处发现：活塞拉杆端部断裂处的加工表面刀的痕迹（活塞杆车削加工时，表面会留下加工刀痕迹）仍存在，即折边与活塞杆焊接时未熔焊或焊透，活塞拉杆端部电子显微镜照片见图 6。

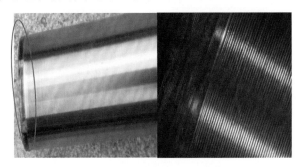

图 6　活塞拉杆端部电子显微镜照片

结合图 6 解析：当活塞拉杆端部的折边与活塞栏杆未熔焊或焊透时，当焊接结束后，再进行打磨处理，极有可能造成折边与活塞拉杆未完成连成一体，在机构巨大冲击力下，折边与活塞拉杆断裂。

3.2.5　活塞拉杆端部处理工艺分析

经了解，活塞拉杆端部折边可以采用以下 3 种方式：

翻边工艺：利用翻边机，将活塞拉杆（圆管）端部翻边（ABB 采用该种工艺）；

焊接工艺：在活塞拉杆端部焊接一个折边（本次故障的设备就采用该工艺）；

车削工艺：将一根直径为 44 mm 的圆管，端部留 2.2 mm，其余部分加工成 $\phi 36$ mm，即通过车削完成端部的折边。经工艺图纸核实，活塞拉杆加工精度为毫米级，焊接难度较大，焊接工艺出问题的概率最大。

从以上 3 种工艺显而易见，焊接工艺出问题的概率最大，加工难度也最大，但应该是最节省费用的一种工艺。

3.3　原因分析

（1）活塞拉杆端部折边由于焊接工艺不当，造成其在机构冲击力下断裂；

（2）活塞拉杆端部折边可能在之前就已断裂（动弧触头座内壁的刮痕应该是多次摩擦造成的），只是之前未发生故障，因此没有发现；

（3）活塞拉杆端部折边断裂会影响断路器分闸行程，造成断路器拒分。

4　监督意见

依据此次断路器拒分故障，对于采用焊接工艺的厂家生产的断路器，有必要针对活塞拉杆进行监督和检查，排除其断裂的风险，把好出厂的质量关，避免断路器活塞拉杆工艺存在缺陷，活塞拉杆与其折边焊接不良的情况，杜绝断路器未可靠分闸。

110 kV 断路器胶垫安装不规范引起 SF₆ 泄漏

监督专业：SF₆气体监督   监督手段：巡视定检

监督阶段：设备运维   问题来源：设备安装

1 监督依据

Q/CSG-YNPG4SP0001—2017《六氟化硫气体管理业务指导书》第 5.2.4.1 条规定，运行中六氟化硫气体质量监督由供电局进行监督检测，气体泄漏控制指标≤0.5%。

2 案例简介

2020 年 11 月 1 日，运行人员对某 110 kV 变电站线路断路器（型号 GL312）进行定期巡查时发现，断路器 SF₆ 气体压力值 0.55 MPa（报警值 0.54 MPa），气体压力低但未报警。随即上报缺陷。检修人员到现场将气压补充至 0.64 MPa，同时开展红外检漏作业，未发现明显漏点。此后，该断路器平均每 2 个月均出现气体压力低情况，其中，两次报警运行报重大缺陷，检修人员在补气时均无法检出泄漏点。2021 年 7 月 6 日至 10 日，结合该线路停电，检修人员对该断路器使用包扎法检漏，发现断路器三相中间法兰处有泄漏，在夜间使用红外检漏仪时，发现断路器 SF₆ 气体压力表及三通阀处有明显泄漏，A 相下方法兰处有疑似泄漏点。在检修人员更换 SF₆ 气体压力表时，发现压力表与三通法连接处安装有两个胶垫，其中一个胶垫已有明显裂纹，正常安装时，此处仅为一个胶垫。在更换完 SF₆ 气体压力表及三通阀后断路器已无明显泄漏迹象。

3 案例分析

3.1 现场检查

自 2020 年 11 月 1 日起至 2021 年 7 月 6 日，运行人员对某 110 kV 变电站某线路断路器进行巡查时，先后 6 次出现气体压力低情况，其中 4 次已报警，并报重大缺陷。检修人员在现场对断路器同时使用 SF$_6$ 气体红外检漏仪及卤素检漏仪进行检漏工作，均未发现明显漏点。依据 Q/CSG-YNPG4SP0001—2017《六氟化硫气体管理业务指导书》第 5.2.4.1 条规定，运行中六氟化硫气体质量监督由供电局进行监督检测，气体泄漏控制指标≤0.5%。气体泄漏量远大于控制指标 0.5%，判断该气体泄漏量已经影响到设备正常运行。

检修人员结合 2021 年 7 月 6 日至 10 日，该线路停电，检修人员对该断路器使用包扎法检漏，发现断路器三相中间法兰处有泄漏（见图 1）。在夜间使用红外检漏仪时，发现断路器 SF$_6$ 气体压力表及三通阀处有明显泄漏（见图 2），A 相下方法兰处有疑似泄漏点（见图 3）。

图 1　断路器三相中间法兰处有泄漏

图 2　SF$_6$ 气体压力表及三通阀处有明显泄漏点

图 3 　A 相底部法兰疑似漏点

3.2　现场处理

7 月 16 日，检修人员对 SF_6 密度继电器及三通阀进行更换时，发现 SF_6 密度继电器与三通阀间错误安装了两个胶垫（见图 4），明显看出上放胶垫已被压缩变形。

图 4 　SF_6 密度继电器与三通阀间胶垫

现场对密度继电器及三通阀进行更换，并按照要求将密度继电器与三通阀连接处胶垫更换为新胶垫，同时改为一个胶垫密封，并将气体压力补充至额定值。断路器运行至今未见气体压力值明显下降。

3.3 原因分析

（1）密度继电器与三通阀连接处两胶垫叠加安装，长时间运行后导致上方胶垫受力不均匀，胶垫出现变形。在白天气温高时胶垫受热膨胀，故气体泄漏不明显，夜间气温下降，胶垫受冷收缩，故气体大量漏出。

（2）用包扎法测量出断路器三相中间法兰均有 SF_6 气体，但由于泄漏量少，未达到红外检漏仪器可观测值，故无红外检漏图像。A 相下方法兰在密度继电器更换后，未再次检测出泄漏情况，推测原检漏图像为密度继电器泄漏气体扩散至 A 相底部法兰所致。

4 监督意见

断路器设备验收时，应严格开展各项检查和试验，加强施工关键安装部位监督和检查，严格按照厂家说明或技术规范安装设备，严防设备出现错误装配。对同类型气体绝缘泄漏设备，漏点难以查找的，可结合停电使用包扎法确定漏点位置，同时结合夜间红外检漏仪器，确定具体漏点，有针对性地制定措施。

10 kV 柱上真空断路器跳闸检测

监督专业：到货抽检　　　　　　　监督手段：测试试验
监督阶段：到货验收　　　　　　　问题来源：生产制造

1　监督依据

GB/T 1984—2014《高压交流断路器》；
GB/T 20840.1—2010《互感器　第 1 部分：通用技术要求》；
GB/T 20840.2—2014《互感器　第 2 部分：电流互感器的补充技术要求》。

2　案例简介

某 10 kV 柱上真空断路器 6 月 11 日安装投运，截至 6 月 15 日，开关本体发生 4 次误分闸现象。

3　案例分析

送检试验：
202007-YXJ-BJKR-10kV 真空断路器-001，型号为 ZW20A-12/TD630-20。
（1）外观检查：开关壳体、机构罩、套管外观完好，无磕碰、损坏现象（见图 1）。

图 1　外观检查

（2）机械操作：

手动储能操作、合闸操作、分闸操作各 5 次，断路器状态指示正确、状态指示转换正常、操作正常。电动储能、合闸操作、分闸操作各 5 次，断路器动作正常、二次状态接点转换正常。

（3）回路电阻测量结果见表 1。

表 1　回路电阻测量结果

相序	A	B	C
回路电阻值/μΩ	76	71	77

（4）机械特性测试结果见表 2。

表 2　机械特性测试结果

	A	B	C
合闸时间/ms	45.7	45.8	45.9
合闸弹跳/ms	1.8	1.2	1.2
合闸弹跳次数/次	2	1	1
合闸不同期/ms	0.2		
分闸时间/ms	30.7	31.7	31.8
分闸不同期/ms	1.1		

（5）200 次电动操作试验：

电动合分操作 200 次，试验过程中未出现拒动、误动现象，合分闸状态指示、二次接点转换正常、操作正常（见图 2）。

图 2　电动操作试验

（6）高低电压操作试验。

① 合闸操作：

试验要求 85%U_r 及 110%U_r 电压下操作 5 次，开关应可靠动作；30%U_r 电压下操作 5 次，开关不应动作。

结果：动作可靠。

② 分闸操作：

试验要求 65%U_r 及 110%U_r 电压下操作 5 次，开关应可靠动作；30%U_r 电压下操作 5 次，开关不应动作。

结果：动作可靠。

（7）工频耐压试验（见图 3）。

（a）一次工频耐压试验照片

（b）二次工频耐压试验照片

图 3　工频耐压试验

（8）断路器箱体内部检查情况（见图 4）。

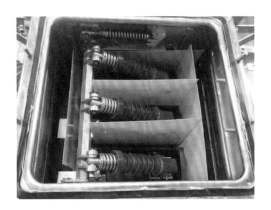

（a）一次隔室照片

（b）机构照片

图4　开关箱体内部检查情况

4　问题分析

根据以上数据分析，确认断路器本体机构及辅助触点正常，但控制器开关类型参数设置错误。根据现场断路器实际动作情况结合控制器输出原理（检测到开关分闸补发分闸命令，检测到开关合闸补发合闸命令，开关位置遥信保持时间需大于遥信防抖时间，遥信防抖时间出厂默认 20 ms），确认是开关分位遥信异常置位，控制器补发分闸命令，导致开关误动作。现场排查确认控制器运行正常，遥信采集及出口回路无虚接和短接现象。由此分析，确认是控制电缆两侧航空插头的插针位置有虚接，导致断路器分位遥信异常置位，控制器补发分闸命令，断路器误动作。

由于控制电缆插针虚接，接触不牢靠，在外部环境大风情况、有振动时，再加上受温度、湿度等环境影响，会导致插针虚接点产生变化，引起时通时不通的不稳定状态。

5　处理措施

（1）现场已更换开关本体及控制电缆，避免再次发生开关误动。

（2）将控制器开关类型参数改为1，避免开关分位遥信异常置位，控制器补发分闸命令，开关误动作。此项参数修改工作不需要停电，详细修改方案见"FTU修改开关类型操作流程"。

6　监督意见

10 kV柱上开关在到货验收时，应严格开展外观检查，及时进行到货抽检工作，把好使用安装前技术监督关口，关键组部件的质量直接影响柱上开关的质量，灭弧室和操作机构等关键元器件更换厂家和型号后，对柱上开关的机械寿命和机械特性性能影响大，关键元器件的厂家和型号必须与型式试验报告一致。定期的抽检能够有效避免不合格组部件影响整体质量。

组合电器篇

500 kV GIS 绝缘盆沿面放电

监督专业：绝缘监督　　　　　　　　　　监督手段：交接试验
监督阶段：交接验收　　　　　　　　　　问题来源：设备安装

1　监督依据

南方电网《110kV-500kV 组合电器（GIS 和 HGIS）技术规范书（通用部分）》规定，500 kV（H）GIS 的交流耐压值应不低于出厂值的 90%。

2　案例简介

2015 年 12 月 24 日，对某 500 kV GIS 进行现场耐压验收试验，加压点为极 2 换流变套管，加压范围包括主母线 2M、第 1 串串内设备、第 2 串串内设备、第 4 串串内设备、第 5 串串内设备、相关进出线。对 A 相加压第一次 550 kV 放电，追加一次 290 kV 放电；B 相加压通过；C 相加压 666 kV 计时 30 s 放电。

产品发生耐压放电问题后，现场对各气室进行了气体成分分析，但未能确定放电气室具体位置。经解体检查，第 7 串隔离气室 13162 绝缘盆放电。

3　案例分析

3.1　现场检查

根据国家能源局《防止电力生产事故的二十五项重点要求》及中国南方电网有限责任公司《110kV-500kV 组合电器技术规范（通用部分）》（2014 版）要求："GIS 出厂试验、现场交接耐压试验中，如发生放电现象，不管是否为自恢复放电，均应解体或开盖检查、查找放电部位，对发现有绝缘损伤或有闪络痕迹的绝缘部件均应进行更换"，对发生放电的设备，开盖解体检查，查找到放电部位，更换受损零件，重新恢复装配。

由于放电点位置未确定，为查找放电点并进行放电缺陷修复，需要对受压范围内的产品单元进行解体。待放电部位查实后，根据放电实际情况，进行相应处理修复。

2016 年 1 月 5 日开始对 A、C 相分别分段耐压并确认了放电位置分别为 A 相放电点极 2 换流变分支母线进线侧单元号 27318，见图 1。C 相放电点七串隔离气室 13162 绝缘盆放电，见图 2。

图 1　A 相放电点　　　　　　　　　图 2　C 相放电点

3.2　原因分析

从图 1 和图 2 可以看到，该盆式绝缘子均是沿面发生放电。经分析，造成放电的原因有以下几点：

（1）由于安装现场基建施工、产品安装对接等作业交叉进行，无法保证环境的洁净度要求，致使在设备对接过程中将灰尘、杂质带入产品气室。

（2）充气作业环节未严格控制，未对充气接头及管路及时进行清理检查，将灰尘、杂质带入产品气室，灰尘、杂质吸附在绝缘件表面，造成绝缘件耐压沿面放电。

（3）不排除现场主体安装对接环境不好，安装人员更换吸附剂清理罐体内部时未完全清理干净，使少量灰尘残留，绝缘件表面因静电聚集灰尘、异物形成放电通道，在施加电压时发生表面闪络现象。

（4）有可能在安装对接过程中调整不好，反复操作，摩擦产生少量金属粉末掉进罐体，造成绝缘件耐压沿面放电。

经以上分析，造成本次放电故障的原因可确认为现场安装过程及充气环节未严格控制，导致灰尘进入，造成绝缘件耐压沿面放电。

4　监督意见

（1）GIS 供应商应加强现场安装工艺环节的控制，改进现场安装作业指导书，加强安装队伍的建设和技术培训，严格按照工艺要求进行现场安装工作，特别是清洁度的保证。产品内部清理完成，封盖前由专门人员进行清洁度检查。加强对气室内绝缘子现场对接过程的检查工作，用强光源仔细检查绝缘子表面，确保绝缘子无异常。

（2）GIS 设备驻厂监造时，应严格执行断路器、隔离开关、接地开关 200 次操作，操作后及安装前，应对罐体及触头进行彻底清洁，避免异物遗留。运输过程中应加装三维冲撞记录仪，现场安装前应对罐体进行彻底清洁。GIS 耐压过程中应同时进行超声局放。

（3）驻厂监造时，应对绝缘盆及支柱绝缘子的试验项目进行见证，对技术规范书要求的工频耐压、局放、X 探伤、热性能等试验进行严格把关，装配时注意监督厂家对绝缘件的清理及清洁是否到位。

220 kV GIS 内部异物导致击穿

监督专业：绝缘监督　　　　　　　　监督手段：交接试验
监督阶段：交接验收　　　　　　　　问题来源：设备制造

1 监督依据

DL/T 618—2011《气体绝缘金属封闭开关设备现场交接试验规程》规定，现场交流耐压试验（相对地）为出厂耐压试验时施加电压值的 80%。

2 案例简介

2014 年 10 月，某 500 kV 变电站内 220 kV GIS 开展交接试验过程中，进行交流耐压试验时，发生多次击穿。现场开盖检查发现内部绝缘盆击穿，罐体存在较多异物。

3 案例分析

3.1 现场检查

220 kV GIS 开展工频耐压试验时，A 相发生了放电现象，且击穿电压值不断下降，很明确 A 相发生了不可恢复的放电现象。经检查，发现了 2022 隔离开关 A 相气室底部气隔绝缘盆上表面有爬电痕迹，且在靠近外壳的低电压区域发现有金属屑及非金属的类似"白色毛线"的异物。具体如下：

3.1.1 故障绝缘盆位置

故障绝缘盆位于 2 号主变 220 kV 侧 202 断路器母线侧 2022 隔离开关 A 相处，如图 1 所示。

图 1　故障绝缘盆位置

3.1.2　放电情况（见图 2~图 4）

图 2　气隔表面闪络痕迹及金属屑位置

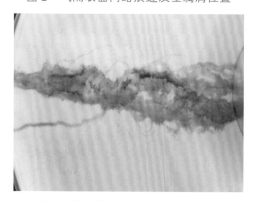

图 3　气隔绝缘盆上表面闪络痕迹

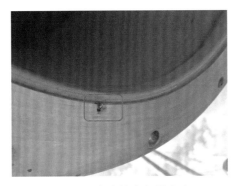

图 4　外壳法兰底部放电点

从绝缘盆表面的闪络痕迹来看，放电路径为中心导体触头座沿着绝缘盆表面向外壳法兰盘底部放电。而且爬电痕迹不只一条，与调试过程中多次耐压有关。

对故障绝缘盆开展了 X 光检测，未发现裂纹。

3.1.3　发现的异物情况

在隔离开关气室底部绝缘盆上表面靠近外壳的低电压区域发现有金属屑及非金属的类似"白色毛线"的异物，如图 6 所示。

对该处的金属异物进行取样检查，发现金属主要成分为铝，非金属成分主要为硅。

静触头弹簧触指内有异物，如图 7 所示。在底部气隔绝缘盆下表面的触头座内部发现有金属屑，如图 8 所示。

对这些异物进行了取样检测，金属主要成分为铝和银，非金属成分主要为硅，金属成分来源为触头磨损掉落碎屑。

图 6　盆子上表面发现了金属屑及非金属异物

图 7　静触头弹簧触指内有异物

图 8　在底部气隔绝缘盆下表面的触头座内部发现有金属屑

3.1.4　外壳内表面粗糙

通过检查隔离开关气室外壳内表面，发现外壳内壁在喷绝缘漆之前未打磨平整，喷漆不均匀。内壁上还发现一些小坑、划伤的痕迹等。鉴于此，外壳内壁绝缘漆的附着力值得怀疑，如图 9 所示。

3.1.5　其他问题

隔离开关气室外壳法兰部分螺孔有受损现象，螺孔处有金属粉末或者金属屑，如图 10 所示。

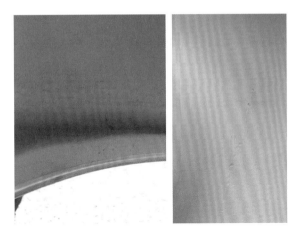

图 9　隔离开关气室外壳内表面粗糙

图 10　绝缘盆法兰螺孔受损

3.2　原因分析

（1）GIS 装配、运输、触头运动过程中会产生金属异物，如现场安装未进行彻底清洁，会造成异物残留，耐压过程中，受电场作用，金属异物会在电动力作用下移动，导致相对地击穿。

（2）GIS 在厂内设备组装、运输及现场安装时，施工工艺不标准，工艺把关不严，造成 GIS 内部金属屑、残渣较多，金属异物造成 GIS 在耐压过程中击穿。

4 监督意见

（1）GIS 供应商应加强现场安装工艺环节的控制，改进现场安装作业指导书，加强安装队伍的建设和技术培训，严格按照工艺要求进行现场安装工作，特别是清洁度的保证。产品内部清理完成，封盖前由专门人员进行清洁度检查。加强对气室内绝缘子现场对接过程的检查工作，用强光源仔细检查绝缘子表面，确保绝缘子无异常。

（2）GIS 设备驻厂监造时，应严格执行断路器、隔离开关、接地开关 200 次操作，操作后及安装前，应对罐体及触头进行彻底清洁，避免异物遗留。运输过程中应加装三维冲撞记录仪，现场安装前应对罐体进行彻底清洁。GIS 耐压过程中应同时进行超声局放。

（3）驻厂监造时，应对绝缘盆及支柱绝缘子的试验项目进行见证，对技术规范书要求的工频耐压、局放、X 探伤、热性能等试验进行严格把关，装配时注意监督厂家对绝缘件的清理及清洁是否到位。

220 kV GIS 套管外绝缘闪络隐患

监督专业：绝缘监督　　　　　　　　　　监督手段：交接试验

监督阶段：设备运维　　　　　　　　　　问题来源：设备设计

1　监督依据

QB 50150—2016《电气装置安装工程　电气设备交接试验标准》第 13.0.6 条规定，试验程序和方法，应按产品技术条件或现行行业标准 DL/T 555《气体绝缘封闭开关设备现场耐压及绝缘试验导则》的有关规定执行，试验电压值应为出厂试验电压的 80%。

《中国南方电网有限责任公司 110kV-500kV 组合电器（GIS 和 HGIS）技术规范书（通用部分）》（2017 版 V1.0）第 6.3 条，110 ~ 220 kV（H）GIS 的交流耐压值应为出厂值的 100%；500 kV（H）GIS 的交流耐压值应不低于出厂值的 90%。

2　案例简介

2020 年 5 月 15 日至 18 日，开展 500 kV 某变电站 220 kV GIS 交流耐压时，发现 3 支套管外绝缘闪络（耐压值为出厂值的 100%），多次重复试验后套管外绝缘仍不合格。

3　案例分析

3.1　故障情况

2020 年 5 月 15 日至 18 日，某供电局在开展 500 kV 某变电站南侧 220 kV GIS 交流耐压（共计 21 支套管）旁站见证时，发现 3 支套管（耐压值为出厂值的 100%）外绝缘闪络，多次重复试验后，仍出现 90% ~ 95%的出厂值下外绝缘闪络，如图 1 所示。

图 1　套管外绝缘闪络

3.2　原因分析

造成本次套管外绝缘闪络的直接原因为：供应商提供的套管外绝缘裕度小，对海拔的容差性不足。

供应商通过型式试验验证的套管干弧距离为：2 205 mm（1 000 m 海拔）。但其错误理解为干弧距离 2 205 mm 为 1 000 ~ 2 000 m 海拔通用，即供应商在产品设计时，考虑 1 000 m 海拔套管的干弧距离仅为 1 950 m（根据 GB 311.1—2012 绝缘配合要求，2 000 m 海拔的修正系数 K_a=1.13，即 1 000 m 海拔时套管干弧距离为 2 205/1.13≈1 950 m）。

而 1 000 m 海拔下的干弧距离 1 950 mm 明显裕度过小，后续高海拔下以此进行修正，外绝缘容差性明显不足。具体表现为：

（1）根据 GB/T 1094.3《电力变压器 第 3 部分 绝缘水平 绝缘试验和外绝缘空气间隙》中 220 kV 变压器套管的最小干弧距离为 1 900 mm；但 220 kV 变压器对应的交流耐压值为 395 kV，而 GIS 对应的交流耐压值为 460 kV（开关设备国标中对应交流耐压值为 395/460 kV，行标中要求 460 kV），因此若参照变压器套管要求，则 GIS 套管的干弧距离应该大于 1 900 mm。

（2）根据支柱绝缘子的经验公式（交流闪络电压 $U_f = 5.6 l_d^{0.9}$，雷电冲击闪络电压 $U_{50} = 7.8 l_d^{0.92}$），可计算出绝缘子在交流耐压 460 kV、雷电冲击 1 050 kV 的最小干弧距离 l_d 为 2 100 mm。

因此，参考变压器套管和支柱绝缘子的干弧距离，则 1 000 m 海拔时，GIS 套管的干弧距离应为 1 900 ~ 2 100 mm。但目前设计的 GIS 套管 1 000 m 海拔下的干弧距离 1 950 mm 处于上述标准值的下限，裕度太小；从其余套管供应商及

GIS 供应商 1 000 m 海拔下套管的干弧距离（神马：2 200 mm；西瓷：2 260 mm；西门子：2 200 mm；泰开：2 200 mm；平芝：2 080 mm）来看，该供应商干弧距离明显小于主流 GIS 套管设计值。

4 监督意见

该问题主要暴露出供应商设计及海拔修正方面薄弱问题。针对以上薄弱环节，品控监造可以进行从以下两方面进行加强：

（1）产品监造时，需要厂家提供经南网型号审查备案的全套图纸资料（型号审查时，提供的资料为海拔 1 000 m 产品的设计图纸）；

（2）编制品控监造提升方案，针对海拔修正方面的要求，结合国家标准、行业标准和技术规范书，明确如何根据变电站海拔进行修正，并核对厂家提供产品是否满足修正要求。

例如，本次供应商在南网型号审查备案图纸的套管干弧距离为 2 205 mm（1 000 m 海拔）。根据南网技术规范书和 GB 311.1—2012 绝缘配合要求，该工程外绝缘按 2 500 m 海拔进行修正，修正系数 K_a=1.2，即满足该工程海拔应用要求的干弧距离应该为 2 205×1.2=2 646 mm。但本次供应商提供产品的干弧距离仅为 2 420 mm。因此，品控监造环节若加强该方面审查，可以提前发现问题。

220 kV GIS 内遗留异物导致绝缘击穿

监督专业：绝缘监督　　　　　　　　　　监督手段：交接试验
监督阶段：设备运维　　　　　　　　　　问题来源：设备制造

1　监督依据

GB 1984—2014《高压交流断路器》；
GB/T 11022—2011《高压开关设备和控制设备标准的共用技术要求》；
《中国南方电网有限责任公司 35 kV-500 kV 组合电器技术规范》。

2　案例简介

　　某工程于 2017 年 11 月 10 日左右在现场开始安装；现场安装完成后，460 kV 耐压试验一次性通过，局放测试合格，所有的交接试验均通过。12 月 12 日下午开始送电，16:15 左右 D07 间隔带电，当晚 20:16 通流 4 h 后，变压器及变压器两侧断路器 220 kV、110 kV 开关柜开关全部跳闸。现场 220 设备主变差动保护、220 kV GIS 的 D07 间隔母差保护启动，故障录波采到 B 相短路电流 $3.8 \times 1\,600 \approx 6\,000$（A）。图 1 所示为工程布置图。

　　现场进行事故排查，并对主变及 D07 间隔进行相关检测。对主变进行了油成分检测和绝缘电阻测试，测试结果合格；对 220 kV GIS D07 间隔的各个气室进行了气体成分检测，发现 B 相 CB 气室的 SO_2 气体成分超标，其余气室成分均合格。

3　案例分析

　　通过拆解过程可以判定该异常是相柱与壳体击穿导致，相柱与壳体的故障点如图 2 所示。为了进一步分析该异常，对烧蚀残留物进行取样电镜扫描分析，取样位置及编号见图 3，其结果见图 4；其中由于 3 号样品为粉末状，设备无法进行分析，5 号为切取壳体后基材材质。

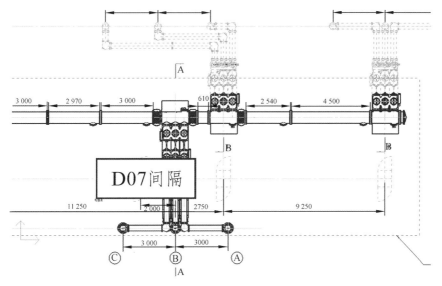

图 1　工程布置图

（a）相柱故障点

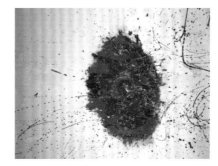

（b）壳体故障点

图 2　相柱与壳体的故障点示意图

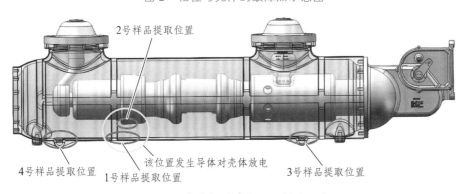

图 3　灭弧室内部故障点及取样点示意图

1# 壳体

样品 : 1#
操作者:
注释 :
组 : easy-air
日期 : 2016-12-29 16:50:15

定量结果

元素	结果	[3-sigma]	处理-计算	线	强度(cps/uA)
Al	85.844 %	[3.381]	定量分析-FP	AlKa	0.0544
Si	7.972 %	[0.509]	定量分析-FP	SiKa	0.0156
Ti	2.355 %	[0.040]	定量分析-FP	TiKa	1.1807
S	1.580 %	[0.153]	定量分析-FP	S Ka	0.0307
Fe	1.147 %	[0.015]	定量分析-FP	FeKa	2.0624
K	0.501 %	[0.102]	定量分析-FP	K Ka	0.0546
Ni	0.254 %	[0.005]	定量分析-FP	NiKa	0.7059
Cr	0.173 %	[0.013]	定量分析-FP	CrKa	0.1651
Zn	0.097 %	[0.004]	定量分析-FP	ZnKa	0.4296
Ga	0.077 %	[0.004]	定量分析-FP	GaKa	0.4151

2# 相柱

样品 : 02#
操作者:
注释 :
组 : easy-air
日期 : 2016-12-29 16:39:25

定量结果

元素	结果	[3-sigma]	处理-计算	线	强度(cps/uA)
Al	75.296 %	[2.787]	定量分析-FP	AlKa	0.0535
Si	12.666 %	[0.581]	定量分析-FP	SiKa	0.0314
S	7.936 %	[0.147]	定量分析-FP	S Ka	0.1810
Ti	1.050 %	[0.030]	定量分析-FP	TiKa	0.5693
Fe	0.969 %	[0.016]	定量分析-FP	FeKa	1.9468
K	0.939 %	[0.068]	定量分析-FP	K Ka	0.0465
Ca	0.434 %	[0.037]	定量分析-FP	CaKa	0.0373
Cr	0.197 %	[0.021]	定量分析-FP	CrKa	0.2111
Zn	0.143 %	[0.007]	定量分析-FP	ZnKa	0.7252
Ga	0.139 %	[0.006]	定量分析-FP	GaKa	0.8463
Cu	0.106 %	[0.007]	定量分析-FP	CuKa	0.4478
V	0.096 %	[0.025]	定量分析-FP	V Ka	0.0748
Ni	0.030 %	[0.007]	定量分析-FP	NiKa	0.0949

4#

样品 : 4#
操作者:
注释 :
组 : easy-air
日期 : 2016-12-29 16:59:03

定量结果

元素	结果	[3-sigma]	处理-计算	线	强度(cps/uA)
Al	54.458 %	[2.387]	定量分析-FP	AlKa	0.0382
Si	31.065 %	[0.893]	定量分析-FP	SiKa	0.0964
S	10.604 %	[0.184]	定量分析-FP	S Ka	0.2424
Ti	2.348 %	[0.049]	定量分析-FP	TiKa	1.2697
Fe	0.627 %	[0.012]	定量分析-FP	FeKa	1.2262
Zn	0.399 %	[0.006]	定量分析-FP	ZnKa	1.9855
Ca	0.197 %	[0.033]	定量分析-FP	CaKa	0.0169
V	0.104 %	[0.026]	定量分析-FP	V Ka	0.0808
Cu	0.091 %	[0.007]	定量分析-FP	CuKa	0.3775
Ga	0.077 %	[0.006]	定量分析-FP	GaKa	0.4617
Ni	0.032 %	[0.008]	定量分析-FP	NiKa	0.0976

5# 基材

样品 : 5#
操作者:
注释 :
组 : easy-air
日期 : 2016-12-29 17:44:37

定量结果

元素	结果	[3-sigma]	处理-计算	线	强度(cps/uA)
Al	94.683 %	[0.833]	定量分析-FP	AlKa	1.1931
Si	4.951 %	[0.112]	定量分析-FP	SiKa	0.1649
Fe	0.177 %	[0.003]	定量分析-FP	FeKa	6.3132
Ti	0.094 %	[0.006]	定量分析-FP	TiKa	0.8582
Ca	0.037 %	[0.003]	定量分析-FP	CaKa	0.0529
Cr	0.023 %	[0.002]	定量分析-FP	CrKa	0.4276
Zn	0.012 %	[0.001]	定量分析-FP	ZnKa	1.1716
Ga	0.010 %	[0.001]	定量分析-FP	GaKa	1.1004
V	0.009 %	[0.003]	定量分析-FP	V Ka	0.1227
Ni	0.004 %	[0.001]	定量分析-FP	NiKa	0.2434

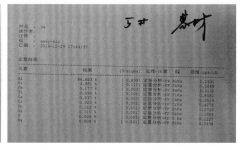

图 4 电镜扫描结果

从上述结果与基材成分对比可知，烧蚀点处的 Fe、Ti、Cr、Ni 含量明显超标，经查 Ti 含量来源于油漆中含有的钛白粉，其主要的成分见图 5。而 Fe、Cr、Ni 是不锈钢的主要成分，初步怀疑是不锈钢垫片或不锈钢金属屑等异物导致此异常。

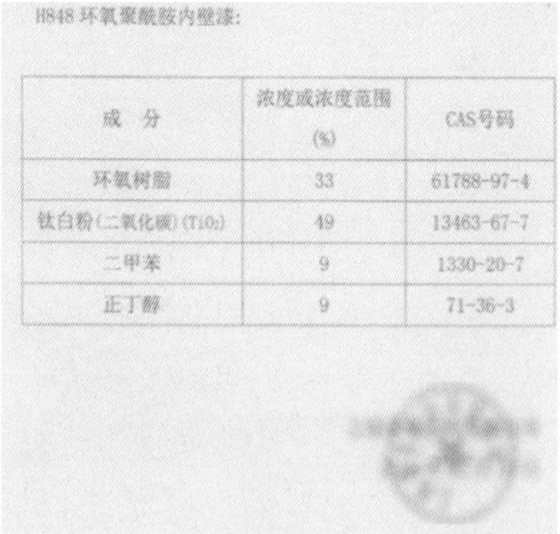

H848 环氧聚酰胺内壁漆:

成 分	浓度或浓度范围(%)	CAS号码
环氧树脂	33	61788-97-4
钛白粉(二氧化钛)(TiO2)	49	13463-67-7
二甲苯	9	1330-20-7
正丁醇	9	71-36-3

图 5 油漆主要成分

通过拆解发现壳体和相柱的烧蚀是固定的，且壳体上形成圆形的烧蚀点坑见图 6。根据现场的波形图，短路电流为 6 000 A、持续时间 50 ms，依据电弧烧蚀能量守恒，若此处是一个金属屑或金属丝等异物，短路时只需要 2 ms 左右就可以完全升华，完全不足以形成如此严重的烧蚀痕迹。通过壳体内部的烧蚀形状可推断此处异物为不锈钢垫圈，通过计算，此垫圈有可能完全烧蚀。

图 6　壳体烧蚀形状

对于为何能通过现场 460 kV 耐压试验和局放试验，分析如下：此垫圈在耐压试验时是平躺状态，耐压 1 min 不足以导致垫圈移动至击穿的状态，在运行 4 h 后异物在电动力作用下逐步向高压侧移动最终导致击穿。

4　监督意见

（1）GIS 组合电器元件在打开包装时要检查所有元件没有损坏，瓷件没有裂痕，绝缘元件没有受潮变形，元件接线端没有生锈、损坏，继电器和压力表检验合格，固定螺栓螺母齐全，密封严密。要对所有的元件进行仔细检查，如果发现问题，要及时返厂换新。

（2）安装的工艺是保证安装质量的重要一点，负责安装的人员在安装之前要学习相关的安装工艺标准，管理、业主要进入现场进行检查，找出违规、出错的地方，进行改正，避免返工或者返修，以确保安装的质量。由于 GIS 组合电器有独特的特点，所以，它的安装工艺有更加严格的工艺和环境的要求。在环境良好没有风、沙、雨、雪及空气湿度低的条件下进行安装，还要采取防尘防潮措施。供应商已经装配好的元件，在组装时不要拆开检查，如有缺陷要经过供应商同意且在专业人员指导下进行拆卸。要按照供应商规定的程序进行组装，不要混装，不要碰撞 SF_6 气体，不得损坏 SF_6 气体和压缩空气的密封圈和密封面。使用的清洁水、密封脂和擦拭布等符合规定的产品，使用过的密封圈不要二次使用。螺栓要使用扭矩扳手进行紧固，使扭矩数值符合产品的规定数值。接线端子接触面不要有氧化膜，并涂上电力复合脂，镀银的地方不要磨损，通过电流的地方不要有毛刺，螺栓要打紧。

220 kV GIS 分支母线筒部分未进行绝缘试验

监督专业：绝缘监督　　　　　　　　　监督手段：出厂试验
监督阶段：设备出厂　　　　　　　　　问题来源：设备制造

1　监督依据

GB 1984—2014《高压交流断路器》；
GB/T 11022—2011《高压开关设备和控制设备标准的共用技术要求》；
《中国南方电网有限责任公司 35 kV-500 kV 组合电器技术规范》。

2　案例简介

2021 年 2 月 24 日，第三方监造机构反映至客户单位，某工程 220 kV GIS 在出厂试验时，因 220 kV GIS 中的 3 只过渡母线筒体未与导电杆一起装配，出厂试验时未对该 3 只过渡母线筒体进行相关的绝缘试验。客户接到监造机构反馈的情况后，立即要求供货商（厂家）对该 3 只过渡母线筒体按照规程进行严格的出厂试验，否则为违反技术协议。之后厂家按要求对该 3 只过渡母线筒体进行相关绝缘试验，并运至现场进行交接试验后顺利投运。

3　案例分析

3.1　现场试验

2021 年 2 月 24 日，第三方监造机构反映至客户单位，监造的某工程 220 kV GIS 在出厂试验时，所涉及的 5 只分支母线，其中 2 只按照《出厂试验计划书》严格执行，剩余 3 只的分支母线在供应商进行了导电杆的电阻测量和筒体的 SF_6 气体检漏试验，由于导电杆未和分支母线筒体一起装配，从而导致其回路电阻和绝缘试验无法进行。监造组要求供应商尽快落实该 3 只分支母线的回路电阻和绝缘试验，严格遵守技术协议。

针对上述情况，厂家回复为：本工程涉及的 5 个分相管道单元，其中 3 只母线单元 F003A/F003B/F003C 为过渡母线，绝缘盆子安装在相邻单元上，厂内装配和运输时不含绝缘件，无绝缘件和导体装配，因此无须对空筒体进行绝缘试验，同时导电杆电阻即是单元的回路电阻。结合分相母线的实际结构，以及厂家的制造工艺要求，该单元符合出厂试验要求，满足产品安全稳定的可靠要求，单元结构图如图 1 和图 2 所示。

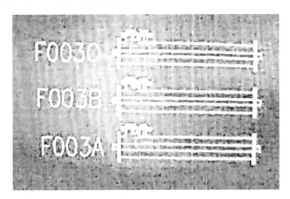

图 1　220 kV GIS 分支母线装配图

图 2　220 kV GIS 分支母线现场布置结构

3.2　返厂情况

根据标准和规程，所有出厂的 GIS 设备都必须按照规程要求开展严格的出厂试验，出厂试验不能漏项、缺项，更不能漏检出厂设备。接到监造机构反馈的情况后，客户立即与厂家取得联系，并要求厂家对该 3 只过渡母线筒体按照规程进行严格的出厂试验，否则为违反技术协议。

经沟通，厂家对未开展回路电阻和绝缘试验的其中 3 只过渡母线 F003A/F003B/F003C 重新补做回路电阻和绝缘试验。对于因绝缘盆子安装在相邻单元上，导致 3 只分支母线无绝缘件支撑导电杆的情况，对分支母线的以下框出位置处分别安装厂内冗余的绝缘件后，分别开展了回路电阻和绝缘试验，试验合格，符合出厂标准。以下方框内为过渡母线绝缘件安装位置，如图 3 所示。

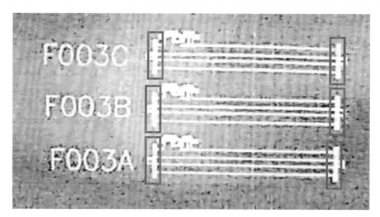

图 3　220 kV GIS 分支母线绝缘试验装配图

3.3　原因分析

厂家对 GIS 设备出厂试验的标准和技术规范的理解及执行不到位，为了提前设备交货时间，用导电杆电阻测量代替装配后的回路电阻，以及空筒体不需进行绝缘试验的侥幸和不严谨思想，导致出厂的 GIS 设备漏检部分部件。

4　监督意见

GIS 设备在出厂试验时，应按规程要求严格开展各项检查和试验，监造方应加强全流程的监督检查，严防 GIS 设备出厂时试验项目漏项、缺项和漏检相关部件。

110 kV GIS 设备内部异物导致投产冲击合后即分故障

监督专业：绝缘监督　　　　　　　　监督手段：交接试验
监督阶段：投产运行　　　　　　　　问题来源：设备安装

1　监督依据

《中国南网电网公司 1110 kV-500 kV 组合电器（GIS 和 HGIS）技术规范书》第 5.4.3 条中规定，断路器、隔离开关和接地开关的动静触头应镀银，镀银质量应保证连续 200 次分合操作后，镀银层不脱落、不露铜且无明显金属碎屑产生。

2　案例简介

2017 年 7 月 30 日，某供电局 110 kV 某输变电工程全部施工完毕，交接试验测试结论合格、绝缘良好。2017 年 8 月 4 日，110 kV 该输变电工程投产试运行，过程中发生了两次冲击投跳故障，GIS 出线套管 B 相对地绝缘为零，A、C 相对地绝缘良好，1786 隔离开关气室内发生对地绝缘故障。

3　案例分析

3.1　现场检查

对 1786 隔离开关气室解体检查发现，故障点发生在该气室底部盆子处，故障盆子表面有大面积烧蚀痕迹，B 相金属嵌件有一条明显的爬电烧蚀轨迹至盆子边缘，值得注意的是盆子表面有多处异物颗粒跳动烧灼痕迹。B 相导电杆与盆子嵌件链接处也有严重烧蚀现象。故障绝缘子表面不洁净的迹象是明显的：A、B、C 三相中部有异物颗粒连续烧灼痕迹（呈线状），从发生部位看与闪络无直接关联；B 相对地贯通闪络痕迹，附近有异物点烧灼痕迹（灼蚀点大，呈离散状），闪络溅射的可能性大（见图 1 和图 2）。

图 1　现场开盖情况

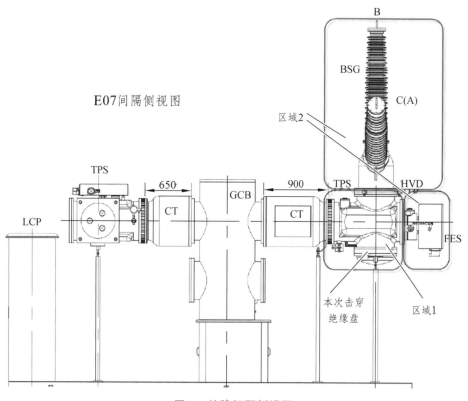

图 2　故障间隔侧视图

3.2　X 射线探伤检测

为检测盆子内部和导电杆是否存在气隙或异物等缺陷，对其进行 X 射线探伤检测，试验结果如图 3 所示。

图 3　绝缘盆子 X 射线探伤

X 射线探伤检测结果显示，除爬电烧蚀痕迹外，盆子内部材质分布均匀，无明显气隙或异物存在。

图 4 所示为 B 相导电杆 X 射线探伤情况。

图 4　B 相导电杆 X 射线探伤情况

导电杆 X 射线照片显示，端头部位存在比导电杆材质密度大的异物点附着，但此处无放电痕迹，排除为本次故障的根本起因。此处说明供应商存在工艺不完善，打磨不到位的情况。

3.3　盆式绝缘子表面渗透检测

为检测盆子表面是否存在细小裂纹等缺陷，对其进行表面渗透检测，试验结果如图 5 所示。

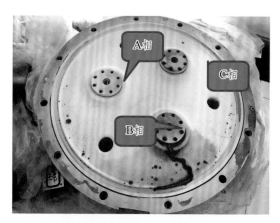

图 5　盆式绝缘子表面渗透检测

表面渗透染色结果显示，盆子表面无明显裂纹缺陷。

3.4　烧蚀粉末扫描电镜分析检测

通过对盆子表面烧蚀粉末收集，进行了烧蚀粉末扫描电镜分析，主要化学元素为：碳元素（C）、氧元素（O）、氟元素（F）、铝元素（Al）。这是强电弧作用下，导电杆（铝合金材质）和环氧树脂（碳氧化合物）在 SF_6 气体中灼烧产生的化学产物成分一致。

3.5　原因分析

（1）绝缘盆式绝缘子质量问题。

故障盆式绝缘子相关试验结论显示，故障盆式绝缘子无明显制造缺陷。

（2）雷击过电压的影响。

据施工单位了解，7 月 30 日该 110 kV 间隔线路避雷器计数器为 10 次，且全部为施工单位调试设备所为。7 月 30 日线路参数测试完毕至 8 月 4 日投产试运行前期间，除少数试验或调试工作外，对侧变电站接地开关均处于合位状态。相关试验或调试工作需要分和接地开关，均需开具工作票实施，且无任何异常情况上报。此期间应无线路雷击影响线路避雷器动作。8 月 4 日投跳后该变电站此线路避雷器 B 为 11 次（线路对侧变电站仍为 10 次），投跳过程只持续约 1 s，接地短路暂态触发避雷器动作可能性要远大于投运瞬间遭受雷击的可能性。故障相为 B 相，属于中间相，发生直击雷可能性极低。假设若在投运瞬间 B 相线路遭受雷击，雷电波也不可能越过避雷器传导至 GIS 故障盆子处而引发绝缘故障。综上所述，基本可以排除雷击导致本次 GIS 绝缘故障的可能。

（3）异物的影响。

故障盆式绝缘子 B 相对地闪络痕迹清晰，且闪络痕迹正上方为 17867 快速接地开关的静触头，触头水平布置，动触头进出，带出异物的可能性不能排除；B 相 1786 隔离开关的静触头（斜向上开口）正下方为 A、B、C 三相中部，动触头进出，带出异物的可能性不大，但也不能完全排除（见图 6）。

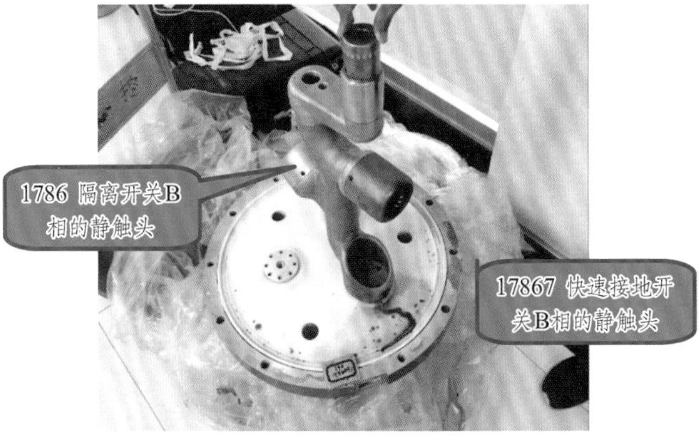

图 6　故障盆子与导电杆安装示意图

通过对快速接地开关和三工位隔离接地开关静触头座解体检查，未发现内部零件有明显的缺少或者缺损现象，但触指磨损较为严重，如图 7 和图 8 所示。

经与供应商核实，该装置的整间隔运输是不包含套管的，现场安装好整个间隔后，再依次装设三相套管。由于套管底座气室与隔离开关气室为联通气室（之间盆子为通气盆子），现场安装，故障气室会暴露于空气中，存在异物入侵可能。同时发现在故障盆子嵌件螺栓孔内有少量黑色异物沉积，如图 9 所示。

图 7　快速接地开关静触头座解体图

图 8　三工位隔离接地开关静触头座解体图

图 9　在盆子嵌件螺栓孔内有少量黑色异物

（4）故障原因分析。

综上所述，初步认为该次故障原因为异物掉落在盆子上引起的，异物来源存在两种较大的可能：① 安装时不规范导致外界异物掉落在气室内；② 交接试验通过完成后，由于联调后台信号等原因对快速接地开关和三工位隔离接地开关进行数次操作，而带出异物掉落在盆子上。本次故障盆子为水平布置，且安装在罐体底部，异物极易掉落聚集在该盆子表面，在电场作用下引发异物在盆子表面跳动，直至发生沿面的贯穿运动，引发盆子绝缘闪络。

4　监督意见

（1）对于组合电器快速接地开关和三工位隔离接地开关按技术规范要求进行出厂试验阶段的 200 次分合闸操作，应彻底检查动静触头、导电杆及内部紧固连接，检测是否有异常磨损，并进行内部彻底清洁。

（2）针对现场安装、对接过程，加强 GIS 清洁度现场控制，作业时必须符合现场安装作业指导书规定的环境条件，搭建防尘棚。对接清理过程中防止灰尘、飞虫、异物进入。GIS 内部的清洁必须按照规定流程进行，同时增加内部清洁后的检查确认，并形成详细记录。

（3）安装作业指导书规定为清洁 GIS 内部而带入罐内的物品种类及数量，作业结束后要对所携带物品和数量进行清点、确认，防止遗落在罐体内。

（4）为防止磕碰造成金属屑掉落，现场安装对接过程中，要使用专用的对接导套、对接夹子；要严格按照安装工艺使用吸尘器、无毛纸、无水乙醇进行"三吸两擦"。

（5）在使用吸尘器、真空泵、充气管等带有管路的设备时，要对管路、接头的表面、内部进行清理、检查，管路、接头不允许随意扔在地上，接头要备有防尘盖，使用后用防尘盖保护好。

110 kV GIS 出厂耐压试验导致绝缘子盆闪络

监督专业：绝缘监督　　　　　　　　　　监督手段：交接试验
监督阶段：设备运维　　　　　　　　　　问题来源：出厂试验

1　监督依据

GB/T 16927.1—2011《高电压试验技术　第一部分：一般定义及试验要求》第 5.3.1 条，耐受电压试验：如果试品上没有破坏性放电发生，则满足耐受试验要求。

Q/CSG 1205019—2018《电力设备交接验收规程》第 11.5.7 条，（H）GIS 交接试验中，如发生放电现象，不管是否为自恢复放电，均应解体或开盖检查、查找放电部位。对发现有绝缘损伤或有闪络痕迹的绝缘部件均应进行更换。

2　案例简介

2020 年 7 月 26 日，施工人员对某 110 kV 变电站改扩建工程新建 110 kV 出线间隔 GIS 进行组装过程中检查发现，发现该 GIS 出线分叉处盆式绝缘子表面存在放电闪络痕迹，于是对闪络绝缘子盆进行更换，并进行绝缘子盆闪络原因追查。

3　案例分析

3.1　现场检查

2021 年 7 月 26 日，施工人员对某 110 kV 变电站新扩建间隔 110 kV GIS 设备进行安装过程中，验收人员在验收过程中检查时发现，该出线的一个通气式绝缘子盆表面存在放电闪络痕迹（见图 1 和图 2），因该设备处于组装阶段，到现场后未进行过任何绝缘类试验。根据 GB/T 16927.1—2011《高电压试验技术 第一部分：一般定义及试验要求》第 5.3.1 条："耐受电压试验：如果试品上没有破坏性放电发生，则满足耐受试验要求。"该 GIS 内的绝缘子盆表面已存在明显放电闪络痕迹，不满足规程要求。根据 Q/CSG1205019—2018《电力设备交接验收规程》第 11.5.7 条："（H）GIS 交接试验中，如发生放电现象，不管是否为自恢复放电，均应解体或开盖检查、查找放电部位。对发现有绝缘损伤或有闪络痕迹的绝缘部件均应进行更换。"发现该 GIS 内部绝缘子盆有闪络痕迹，应进行更换。

验收人员将该情况反馈给施工单位、厂家，并要求厂家对有缺陷设备出厂原因进行自查，要求对有缺陷盆式绝缘子进行更换。

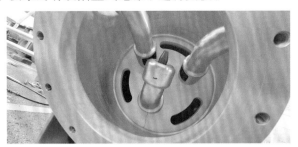

图 1　盆式绝缘子闪络痕迹

图 2　绝缘子所在位置

厂家在对有闪络盆式绝缘子进行更换后，进行现场交接试验，试验满足规程要求。

3.2 出厂试验情况

生产厂家在 2021 年 6 月对该组 GIS 进行出厂试验，在按相关规程要求完成回路电阻、气密性试验等常规试验后，进行主回路的绝缘试验，在升压过程中该 GIS 发生闪络。按照相关规程及技术规范书的要求："GIS 出厂试验中，如发生放电现象，不管是否为自恢复放电，均应解体或开盖彻底检查直至找到放电部位。对发现有绝缘损伤或有闪络痕迹的绝缘部件均应进行更换。如果没有查找到放电点，则应对耐压范围内的全部绝缘件进行单件绝缘试验或更换全部绝缘件。"但出厂试验人员并未按此要求对该 GIS 设备进行彻底检查，找出闪络点，只是对该 GIS 重新进行试验，第二次试验未发生闪络，于是下试验通过结论，造成有绝缘缺陷设备合格出厂。

3.3 原因分析

（1）生产厂家试验人员未严格按照规程及技术规范书的要求开展试验，GIS 出厂试验中，如发生放电现象，不管是否为自恢复放电，均应解体或开盖彻底检查直至找到放电部位。对发现有绝缘损伤或有闪络痕迹的绝缘部件均应进行更换。如果没有查找到放电点，则应对耐压范围内的全部绝缘件进行单件绝缘试验或更换全部绝缘件。

（2）生产厂家出厂把关不严，将有缺陷设备按合格设备进行出厂。

4 监督意见

在 GIS 安装前，组织好 GIS 验收工作，及时发现设备损伤情况。GIS 组装前，应先检查导电杆、盆式绝缘子表面有无生锈、氧化物、无划痕及凹凸不平，若有，则对其表面有毛刺、氧化层和划痕部位采用砂纸进行处理平整，并用丙酮进行清洗干净，减小接触电阻，减少放电现象。对盆式绝缘子采用吸尘器进行清扫，并选用酒精擦拭干净。对接法兰处的密封圈应更换，用无毛纸蘸酒精擦洗密封圈后并涂密封胶。法兰对接后，连接螺栓按产品技术文件要求使用力矩扳手进行紧固。

110 kV GIS 设备内部遗留金属颗粒导致局放异常

监督专业：绝缘监督　　　　　　　　监督手段：局放测试

监督阶段：设备运维　　　　　　　　问题来源：设备组装

1　监督依据

DL/T 1250—2013《气体绝缘金属封闭开关设备带电超声局部放电检测应用导则》第 8.2 条规定，图谱分析法自由颗粒放电图谱，当 $V_{peak} > 20$ MV 时，应停电处理。

Q/CSG1206007—2017《电力设备检修试验规程》第 10.77 条规定，运行中局部放电测试应无明显局部放电信号。

2　案例简介

2018 年 5 月 21 日，工作人员在对某变电站 GIS 设备开展带电局放检测时，发现该变电站 110 kV GIS 在 102 断路器和 1021 隔离开关之间的连接气室超声信号异常。2018 年 6 月 7 日和 2018 年 9 月 12 日，工作人员前后两次对 110 kV 某变电站 110 kV GIS 开展了两次带电局放复测，其中：在 1021 隔离开关气室测试到异常超声信号，最大幅值 55.4 mV。经超声定位诊断分析，该气室存在 2 处自由金属颗粒放电信号源，2 处均位于 102 断路器和 1021 隔离开关之间的连接气室管底部区域，位置如图 1 中 1、2 位置所示。2018 年 9 月 18 日，云南电科院工作人员对异常气室进行了 X 射线检测，在图 1 中位置 2 处发现了金属材质小颗粒。

图 1　局放异常信号源位置

3　案例分析

3.1　现场试验

3.1.1 超声局放测试

采用超声波测试方法对 110 kV GIS 1021 隔离开关气室进行局放测试，测试数据如图 2 所示。

分析：由图 1 可见，在 1021 隔离开关气室底部检测到异常超声信号，最大幅值 55.4 mV，相位图谱脉冲任意相位上均有分布，飞行图谱呈现三角形峰状，波形脉冲之间间距不相等，且无规律，具有颗粒放电信号特征。

3.1.2　特高频局放测试

本站 GIS 设备盆式绝缘子外有金属屏蔽环，浇注口有金属封盖板，且已用防水胶密封，不能进行特高频局放测试，通过接地开关接地端子小盆子的特高频局放测试无异常。

3.1.3　异常气室气体分解产物测试

现场由临沧局试验班对 1021 隔离开关气室和相邻气室开展了 SF_6 气体分解产物测试，所有分解产物含量均为 0 ppm（1 ppm=10×10^{-6}），未发现异常。

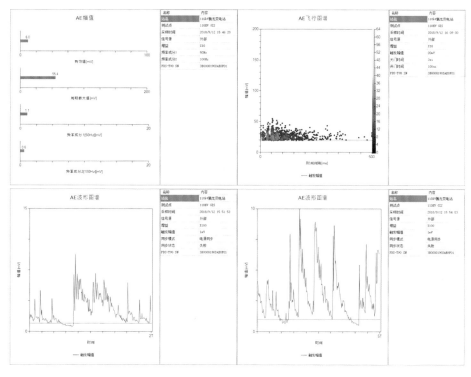

图 2　超声信号图谱（左波形图：2*T*；右波形图：5*T*）

3.1.4　红外测温测试

现场由临沧局运行人员在夜间开展 GIS 外壳红外测温工作，未发现异常。

3.1.5　局放信号源定位

超声波传感器位置和示波器波形图如图 3 所示，由第一张示波器波形图谱可知，起始沿依次为绿色>黄色>红色，判断信号源位于绿色传感器和黄色传感器之间；由第二张示波器波形图谱可知，起始沿依次为绿色>红色>黄色，判断信号源位于绿色传感器和红色传感器之间，综合分析该气室存在 2 处颗粒放电信号源。

（1）局放信号源 1 横向定位。

超声波传感器和示波器波形图如图 4 所示：由第一张示波器波形图谱可知，起始沿依次为黄色>绿色=红色；由第二张示波器波形图谱可知，起始沿依次为黄色>红色>绿色；由第三张示波器波形图谱可知，起始沿依次为黄色>绿色>红色。综合分析判断存在多个颗粒，信号源位于黄色传感器及其附近区域。

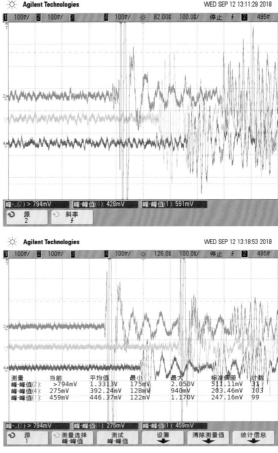

图 3　传感器位置示意图及波形图谱

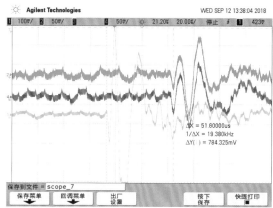

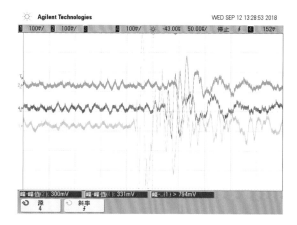

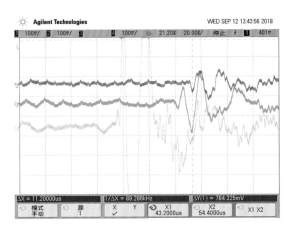

图 4　传感器位置示意图及波形图谱

（2）局放信号源 1 纵向定位。

超声波传感器位置和示波器波形图如图 5 所示：由第一张示波器波形图谱可知，起始沿依次为黄色>红色>绿色；由第二张示波器波形图谱可知，起始沿依次为黄色>绿色>红色。综合分析判断存在多个颗粒，信号源位于黄色传感器及其附近区域。

（3）局放信号源 2 横向定位。

超声波传感器位置和示波器波形图如图 6 所示：由第一张示波器波形图谱可知，起始沿依次为绿色>红色>黄色；由第二张示波器波形图谱可知，起始沿依次为绿色>黄色>红色。综合分析判断存在多个颗粒，信号源位于绿色传感器及其附近区域。

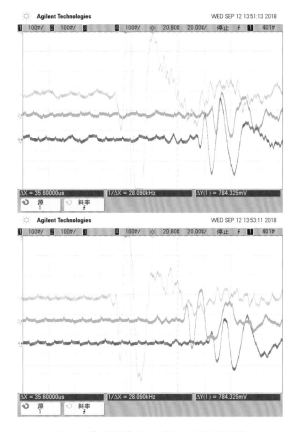

图 5　传感器位置示意图及波形图谱

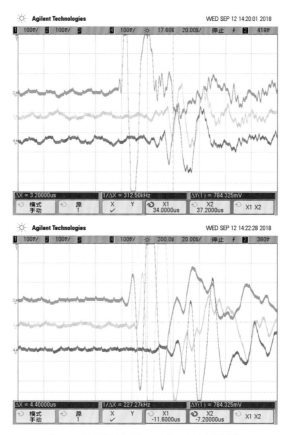

图 6 传感器位置示意图及波形图谱

（4）局放信号源 2 纵向定位。

超声波传感器位置和示波器波形图如图 7 所示，示波器波形图谱可知，起始沿依次为绿色>红色=黄色，综合分析判断信号源位于绿色传感器及其附近区域。

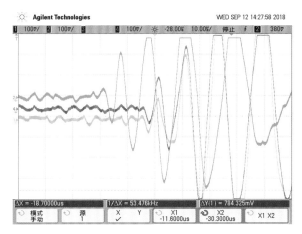

图 7 传感器位置示意图及波形图谱

（5）综合定位判断。

在 110 kV GIS 1021 隔离开关气室存在 2 处颗粒放电信号源。位置如图 8 中 1、2 位置所示。

图 8 局放信号源位置

3.1.6 异常气室 X 射线检测

2018 年 9 月 18 日，工作人员对异常气室进行了 X 射线检测，在图 8 中位置 2 处发现了一粒金属材质小颗粒的异物，位于罐体内底部，如图 9 所示。该气室其他部位 X 射线检测未发现异常，但不排除气室内存在小于 X 射线检测仪分辨率的颗粒物或粉尘等异物。

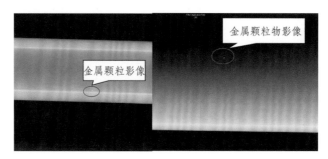

图 9 X 射线检测成像图（左右图为同一部位不同角度成像图）

3.2 现场解体检查情况

工作人员停电对该 GIS 进行停电解体检查，解体后在图 8 所示位置 2 处发现金属遗留物。

3.3 原因分析

由于该 GIS 设备交接阶段及投运之后均未开展局放检测，且该气室无活动金属部件（见图 10），造成局放信号异常的自由金属颗粒可能为出厂或安装阶段气室内未清洁干净遗留在内的。

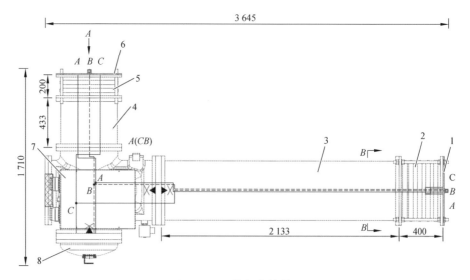

图 10 异常气室结构

4　监督意见

对于 GIS 设备内部存在异物的问题，应在 GIS 出厂监造时要求：

（1）装配前清点所有零部件，检查是否有合格证。

（2）装配时要用专用工装和专用工具，确保各部位机械尺寸和导体对中。工装也要清理干净。母线纵轴中心与支持绝缘子中心应对中，母线紧固件不应产生偏差所产生的安装应力。

（3）壳体内部、绝缘件、导体表面清洁干净，密封面平整光滑，无划伤、磕碰。

（4）导体镀银层厚度、硬度、均匀度合格，表面无划痕、磕碰。

（5）静触头屏蔽罩螺钉不得高于图纸要求尺寸。螺栓紧固要按标准使用力矩扳手，并做紧固标记。母线连接应接触良好，且结合深度满足设计要求，限位良好。

110 kV GIS 电流互感器壳体装配前密封槽内有异物

监督专业：装配监督　　　　　　　　　监督手段：组装见证
监督阶段：生产制造　　　　　　　　　问题来源：设备监造

1　监督依据

（1）中国南方电网有限责任公司《110 kV 及以上电压等级组合电器监造工作手册》；

（2）某高压开关有限公司《110 kV GIS 电流互感器装配作业指导书》要求：检查壳体密封面的清洁、无磕碰、无划伤；检查其他各种零部件无磕碰、无划伤、无毛刺、无灰尘、无油污及无水分残留等。

2　案例简介

2021 年 6 月 2 日，驻厂监造人员，在分装车间巡检过程中发现，E05 间隔，电流互感器壳体组装前，发现密封槽内有异物。电流互感器壳体采用塑料薄膜、扣罩防护措施，监造人员将塑料薄膜防护罩取下，检查壳体的法兰面、壳体的内壁、密封槽等外观质量情况，发现密封槽内有异物（见图 1 ~ 图 4）。

　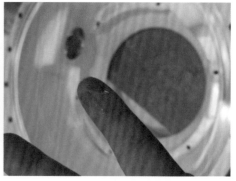

图 1　组装前壳体防护　　　　　　　　　图 2　防护罩取下检查

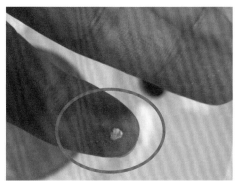
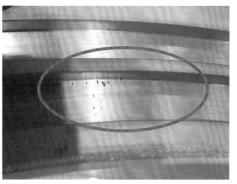

图 3　密封槽内异物　　　　　　　图 4　密封槽内异物

3　案例分析

原材料（壳体、绝缘件、线圈、导体、密封圈等）零部件，进入车间应为合格产品。此次问题发生（密封槽异物存在），说明防护罩防护前期没有清洁干净，所以在装配过程中，各零部件作业人员都要认真仔细地检查、清洁等，存在异常或清洁不彻底的物料不应进入生产车间。

临时措施（装配前）：现场向供应商及时提出问题，联系相关负责人，要求关联负责人现场确认情况，同时依文件形式反馈给供应商，要求在今后的生产过程中，及时注意此类问题发生。同时要求厂家对进入车间物料做好质量把关，立刻对所有壳体装配前密封槽检查、清洁处理（见图 5 和图 6）。

图 5　清理擦拭

图 6　清理擦拭

原因分析：经过供应商现场确认，该问题发生时的物料是在车间内待领料区，该区域为供应商物料从仓库配料进车间的临时放置区域，虽然生产工件待领取，但是也存在进入车间内工作不到位的情况。

整改措施：类似的问题（如断路器、隔离开关、接地开关壳体）等，供应商应按照工艺流程安排分装人员检查和初步清洁，如发现不符合要求或异常将退回仓库，待物料合格后再进行分装，分装工序开始后，将再次检查和清洁。

4　监督意见

分装车间装配前原材料（壳体、绝缘件、线圈、导体、密封圈等）零部件，进入车间应为合格产品，对于检测和清洁的物料，应及时采用塑料薄膜防护措施，避免部件表面、密封槽内、壳体内部等部位造成二次污染，虽然每道工序均有相应的清洁整理工序，但是希望供应商每道工序均能严格执行作业程序和做好检查工作。

高压开关柜篇

35 kV 高压开关柜机械闭锁异常导致断路器拒合

监督专业：检修监督　　　　　　　　　　　监督手段：预试定检
监督阶段：设备运维　　　　　　　　　　　问题来源：设备制造

1　监督依据

GB/T 3906—2020《3.6 kV ～ 40.5 kV 交流金属封闭开关设备和控制设备》第 6.13 条规定，只有相关的隔离开关处于合闸位置、分闸位置或接地位置时，断路器、负荷开关或接触器才能操作。

2　案例简介

2021 年 5 月 11 日，运行人员报某 110 kV 变电站主变 35 kV 侧断路器开关拒合，后台发"控制回路断线"，现场检查发现开关柜内有明显焦煳味。检修人员根据运行人员描述判断为断路器机构卡涩导致合闸不成功，合闸线圈长时间带电后烧损。现场在重新更换合闸线圈后，就地手动操作断路器分合闸时发现，断路器无法正常合闸。检查合闸线圈顶杆，发现被闭锁板挡住，之后重新调整机械闭锁拉杆后断路器正常合闸缺陷消除。

3　案例分析

3.1　现场检查

2021 年 5 月 11 日，运行人员对某 110 kV 变电站主变 35 kV 侧断路器进行复电操作时，发现断路器合闸不成功，后台发"控制回路断线"，现场检查发现开关柜内有明显焦煳味。检修人员判断为断路器机构卡涩导致合闸不成功，焦煳味为合闸线圈长时间带电后烧损所产生。重新更换合闸线圈后，就地手动操作断路器分合闸时发现，断路器无法正常合闸。检查断路器合闸顶杆时发现，机械闭锁把手由分段闭锁位置扳动到工作位置时，会出现偶发性机械闭锁连杆不到位情况，如图 1 所示，致使闭锁挡板挡在合闸顶杆与储能保持掣子之间，合闸线圈带电后，顶杆直接顶在机械闭锁板上，无法推动储能保持掣子使断路器合闸，同时断路器合闸不成功也使合闸线圈长时间带电，导致合闸线圈烧毁。依据 GB/T 3906—2020《3.6 kV～40.5 kV 交流金属封闭开关设备和控制设备》第 6.13 条规定，只有相关的隔离开关处于合闸位置、分闸位置或接地位置时，断路器、负荷开关或接触器才能操作，该断路器在隔离开关分位时，机械闭锁装置不能解除闭锁，断路器无法正常操作，判断为闭锁失效。

分段闭锁连杆

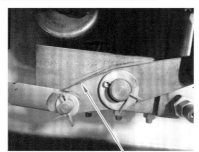

分段闭锁连杆旋转未到位

图 1 机械闭锁连杆

3.2 原因分析

如图 2 所示位置，该断路器机构的分段闭锁装置为手动旋转把手，连接至断路器合闸线圈顶板处。由于该类型设备运行时间较长，设备设计老旧，导致其（检修/工作/分段闭锁）操作把手的间隙增大，运行人员操作时需要将操作把手先扳动至分段闭锁位置，待隔离开关合上后，再将把手从分段闭锁位置扳动至工作位置，此过程中容易出现把手已经到工作位置但断路器机械闭锁实际仍处于分段闭锁位置的情况，极易发生断路器拒合，合闸线圈烧毁的情况。

图 2　机械闭锁挡板

4　监督意见

（1）检修作业要严格按照检修标准进行，对检修数据进行记录分析，针对不同高压开关柜机械闭锁装置制定针对性检修策略及时发现隐患，做好易损件的准备工作。

（2）检修作业时发现机械闭锁存在操作上问题及时与运行人员沟通说明。

（3）对类似高压开关柜数量进行统计并将以上断路器列入设备隐患台账中，上报部门安排进一步处理。

（4）在新建设备验收阶段，发现此类使用闭锁挡板直接挡在合闸顶杆与储能保持掣子之间的机械闭锁结构时，及时提出并建议厂家改用闭锁连杆与分闸半轴联动的闭锁方式，及分段闭锁位置时，将转动分闸半轴离开分闸掣子保持位置。避免出现由于机械闭锁把手操作不到位，导致合闸线圈被挡住后长时间带电被烧毁的情况发生。

（5）在新设备投标时，将相关要求列入技术规范书，并在监造过程中注意此子项。

35 kV 高压开关柜闭锁连杆摩擦导致断路器拒动

监督专业：高压监督　　　　　　监督手段：验收预试定检
监督阶段：验收运维　　　　　　问题来源：设备制造装配

1　监督依据

Q/CSG 1206007—2017《电力设备检修试验规程》第 5.7.0.9 条规定，并联分闸脱扣器应能在其额定电源电压的 65%～120%范围内可靠动作，当电源电压低至额定值的 30%或更低时不应脱扣。

2　案例简介

2020 年 12 月 24 日，运行人员在对某 220 kV 变电站操作 35 kV 断路器过程中发现该断路器无法遥控分闸，后台机发"控制回路断线告警"信号，现场检查发现开关柜操作把手闭锁连杆与机构之间存在摩擦，加大分闸脱扣器脱扣阻力，导致分闸线圈烧毁，控制回路断线，断路器拒分。

3　案例分析

3.1　现场检查

2020 年 12 月 24 日，运行人员在对某 220 kV 变电站操作 35 kV 断路器过程中，发现该断路器无法遥控分闸，后台机发"控制回路断线告警"信号，现场使用万用表测量分闸线圈电阻，发现分闸线圈电阻高达上千欧，超过铭牌标称 119.6 Ω，由此判断该 35 kV 断路器分闸线圈已烧毁（见图 1）。

3.2　现场试验

确定某 35 kV 拒动断路器分闸线圈断线后，更换同型号分闸线圈，对断路器进行低电压试验，发现断路器最低分闸电压为 186 V。Q/CSG 1206007—2017《电力设备检修试验规程》第 5.7.0.9 条规定，并联分闸脱扣器应能在其额定电源电压的 65%～120% 范围内可靠动作，当电源电压低至额定值的 30% 或更低时不应脱扣。根据规程可以确定该断路器低于最低分闸电压 66 V 不能动作，143 V 必须动作。显然该断路器最低分闸电压 186 V 不满足规程要求，多次调整线圈行程并进行试验，最低分闸动作电压依旧保持在 143 V 以上。

图 1　拒动断路器分闸线圈

3.3　进一步检查

对断路器分闸系统进行进一步动态分析，检查分闸掣子及其相连的传动机构，未发现机构存在卡涩或变形的情况（见图 2）。在机构调试过程中发现开关柜操作把手闭锁连杆与断路器机构背板之间存在摩擦，如图 3 所示，而该连杆与分闸脱扣器相连，分闸时分闸脱扣器脱扣阻力增大。

图 2　拒动断路器结构

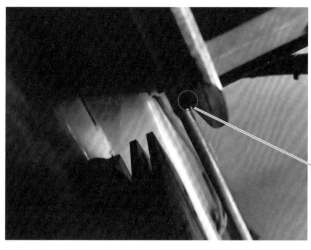

连杆与断路器机构
背板之间存在摩擦

图 3　开关柜操作把手闭锁连杆与断路器机构背板之间存在摩擦

3.4　处理情况

使用锉刀对与连杆摩擦的机构背板进行削锉，保证连杆能够灵活动作，对其余转动接触部位使用润滑脂进行充分润滑，处理完毕重新进行断路器低电压动作试验，最低分闸电压为 125 V，检测数据合格，满足规程要求，对断路器进行遥控试分合闸，断路器分合闸正常，后台保护信号正常。

3.5　原因分析

由于开关柜闭锁系统装配工艺问题，使开关柜操作把手闭锁连杆与断路器机构背板之间间隙不足，发生摩擦，增大分闸脱扣器脱扣阻力，当断路器远方分闸时，分闸线圈通电动作，导致分闸线圈带电后顶针无法推动分闸掣子脱扣，使线圈长时间带电烧毁，断路器拒分。

4　监督意见

高压开关柜设备验收、检修过程中，增加开关柜闭锁系统关键节点检查，并严格开展各项检查和试验，发现试验数据异常问题，要及时开展原因分析，查找并处理设备存在的隐患，杜绝设备带隐患运行。

10 kV 高压开关柜机械闭锁异常导致断路器拒合

监督专业：检修监督 　　　　　　　　监督手段：预试定检
监督阶段：设备运维 　　　　　　　　问题来源：设备制造

1　监督依据

GB/T 3906—2020《3.6 kV ~ 40.5 kV 交流金属封闭开关设备和控制设备》第 6.13 条规定，只有相关的隔离开关处于合闸位置、分闸位置或接地位置时，断路器、负荷开关或接触器才能操作。

2　案例简介

2021 年 5 月 29 日，运行人员报某 35 kV 变电站 10 kV 线路断路器拒合，现场检查发现储能电源及控制电源空气开关完好，现场断路器有正常合闸动作，但动作后合不上，动作后合后灯亮，跳位灯亮，断路器在分闸位置。检修人员开始判断为分闸半轴卡涩，在重新调整分闸半轴位置后，就地操作断路器分合闸均正常。待将高压开关柜机械闭锁把手由分段闭锁转动至工作位置后，断路器遥控及手动均无法正常合闸，缺陷再次出现。

3　案例分析

3.1　现场检查

现场检查发现储能电源及控制电源空气开关完好，现场断路器有正常合闸动作，但动作后合不上，动作后合后灯亮，跳位灯亮，断路器在分闸位置。检修人员开始判断为分闸半轴卡涩，在重新调整分闸半轴位置后，就地操作断路器分合闸均正常。后将高压开关柜机械闭锁操作把手由分段闭锁转至工作位置后，断路器遥控及手动均无法正常合闸，缺陷再次出现。检查机械闭锁连板，发现在机械闭锁把手由分段闭锁位置旋转至工作位置后，合闸时由于分闸半轴无法复位半轴无法保持合闸，引起合后即分。依据 GB/T 3906—2020《3.6 kV～40.5 kV 交流金属封闭开关设备和控制设备》第 6.13 条规定，只有相关的隔离开关处于合闸位置、分闸位置或接地位置时，断路器、负荷开关或接触器才能操作，在隔离开关在分位时，该断路器机械闭锁装置不能解除闭锁，断路器无法正常操作，判断为闭锁失效。

3.2 原因分析

如图 1 所示位置，该断路器机构的分段闭锁装置为手动旋转把手，有拉线与闭锁挡板相连接。在正常操作时，转动机械闭锁把手至分段闭锁位置，拉线收紧挡板上翻，将分闸半轴缺口处转动至水平位置，从而实现断路器分闸。由于该类型设备运行时间较长，拉线由普通钢丝拉线制作而成，无防锈蚀处理，在操作中钢丝拉线及拉线护套出现锈蚀断裂，导致其（检修/工作/分段闭锁）操作把手由分段闭锁旋转至工作位置后拉线无法恢复至正常状态，闭锁挡板因此保持上翻，如图 2 所示，因此断路器无法保持在合闸状态。

该缺陷发生时，由于运行人员操作分段闭锁把手至工作位置后拉线在套管断裂后无法有效恢复拉线使闭锁挡板回位，致使分闸半轴始终保持平行状态，断路器合闸后，分闸掣子无法保持使断路器出现合后即分。

检修人员在正常高压开关柜 B 类检修作业时，分段闭锁把手位于检修位置，闭锁拉线未受力，故在 B 类检修时未发生断路器机构合闸不成功的情况。

图 1　机械闭锁挡板

图 2　机械闭锁挡板

4　监督意见

（1）检修作业要严格按照检修标准进行，对检修数据进行记录分析，针对不同高压开关柜机械闭锁装置制定针对性检修策略，及时发现隐患，做好易损件的准备工作。

（2）对类似高压开关柜数量进行统计，并将以上断路器列入设备隐患台账中，安排进一步处理。

（3）在设备验收阶段，发现此类使用闭锁拉线与闭锁板相连的机械闭锁结构时，及时提出并建议厂家改用连杆方式，避免由于拉线或拉线护套断裂，导致分闸半轴无法复位致使断路器出现拒合情况。

（4）对闭锁拉线在技术规范书中明确更换为连杆方式，防止类似缺陷重复发生。

电流互感器篇

35 kV 浇筑式电流互感器绝缘击穿放电

监督专业：绝缘监督　　　　　　　　　　监督手段：交接试验
监督阶段：设备运维　　　　　　　　　　问题来源：设备制造

1　监督依据

QB 50150—2016《电气装置安装工程 电气设备交接试验标准》第 10.0.5 条规定，电压等级为 35 ~ 110 kV 互感器的局部放电测量可按 10% 进行抽测，电压 $1.2U_\mathrm{m}/\sqrt{3}$，局放量不超过 50 pC；电压 U_m，局放量不超过 100 pC。

Q/GDW 1168—2013《输变电设备状态检修试验规程》第 5.4.2.1 条中表 12 规定，电压 $1.2U_\mathrm{m}/\sqrt{3}$ 局放量不超过 50 pC。

2　案例简介

2021 年 1 月 19 日，35 kV 某变电站 35 kV 3 号主变 303、003 断路器跳闸，后该变电站 35 kV 某线路出线 373 断路器跳闸。后技术人员到达变电站进行查看 35 kV 3 号主变 35 kV 侧电流互感器 A、B 相接线处复合绝缘存在明显放电现象，回看视频系统发现，35 kV 3 号主变 35 kV 侧电流互感器 A、B 相存在绝缘击穿发展过程，A、B 相间短路时有明显弧光。

3　案例分析

3.1　现场检查情况

2021 年 1 月 19 日，技术人员到达变电站进行查看 35 kV 3 号主变 35 kV 侧电流互感器 A、B 相接线处复合绝缘存在明显放电现象（见图 1），电流互感器安装在 35 kV 母线侧，其余一次设备外观检查无异常；回看视频系统发现，35 kV 3 号主变 35 kV 侧电流互感器 A、B 相存在绝缘击穿发展过程，A、B 相间短路时有明显弧光。

（a）A相电流互感器 （b）B相电流互感器

图 1 绝缘击穿的电流互感器

3.2 原因分析

（1）该电流互感器属于 2011 年生产的利旧设备，为浇筑绝缘复匝贯穿式户外电流互感器，一次接线头处起到机械承载和结构连接的作用，需要承受的包括机械力和电动力等各种合力较大，属于该产品的绝缘薄弱环节。设备长时间运行后，容易产生局部放电现象，长此以往使绝缘介质老化，同时电流互感器表面存在一定程度脏污。1 月 19 日当晚为小雨天气，促使其放电进一步发展，造成在正常电压运行方式、无操作的情况下，电流互感器的薄弱环节绝缘被击穿事故。

（2）故障互感器 A 相放电情况较为严重，通过对比发现 A 相 P_1 侧导电连接部位存在浇筑偏心的情况（见图 2），导致运行时电场分布不均，也容易产生局部放电现象。

（3）该电流互感器为利旧设备，在新安装后进行了互感器绝缘电阻、直流电阻、耐压试验、变比及误差试验，试验合格，未进行互感器局放试验。依据 QB 50150—2016《电气装置安装工程 电气设备交接试验标准》第 10.0.5 条规定，电压等级为 35 ~ 110 kV 互感器的局部放电测量可按 10% 进行抽测，但由于该互感器为利旧设备，重新利用时，应进行全面诊断性试验，包括互感器局放试验。

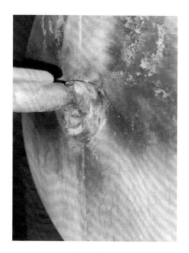 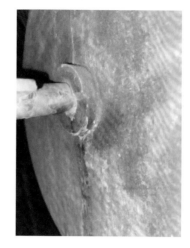

（a）A 相 P$_1$ 侧　　　　　　　　（b）C 相 P$_2$ 侧

图 2　A 相 P$_1$ 侧和 C 相 P$_2$ 侧

4　监督意见

（1）对利旧干式电流互感器，在投运前开展局部放电试验。依据 QB 50150—2016《电气装置安装工程 电气设备交接试验标准》第 10.0.5 条规定，电压等级为 35～110 kV 互感器的局部放电测量可按 10% 进行抽测，但对于利旧的互感器，重新利用时，应进行全面诊断性试验，包括互感器局放试验。

（2）变压器设备验收时，应严格开展各项检查和试验，加强施工关键点监督和检查，把好投运前技术监督关口，严防设备带"病"投入运行。对于问题多发的变压器供应商，应对其入网产品进行抽样检测。

电压互感器篇

220 kV 电容式电压互感器出厂试验数据异常

监督专业：绝缘监督　　　　　　　　　　监督手段：交接试验
监督阶段：设备运维　　　　　　　　　　问题来源：设备制造

1　监督依据

GB 50150—2016《电气装置安装工程 电气设备交接试验标准》第 7.0.9 条规定，绝缘电阻值不低于产品出厂试验值的 70%。

DL/T 393—2010《输变电设备状态检修试验规程》第 5.5.1 条表 14 规定，极间绝缘电阻≥5 000 MΩ（注意值）。

2　案例简介

2019 年 4 月 27 日，运检人员对某 500 kV 变电站 220 kV 线路电容式电压互感器（型号：TYD220/$\sqrt{3}$ -0.01H）进行交接性试验，发现 TV（电压互感器）C 相分压电容 C_2 极间绝缘不满足规程要求。

3　案例分析

3.1　现场分析

2019 年 4 月 27 日，运检人员对某 500 kV 变电站 220 kV 线路电容式电压互感器（型号：TYD220/$\sqrt{3}$ -0.01H）进行交接性试验。在检测绝缘电阻时，发现 TV C 相分压电容 C_2 极间绝缘远低于变压器出厂试验值，测试数据为 C_{11}：200 000 MΩ，C_{12}：200 000 MΩ，C_2：500 MΩ。根据 DL/T 393—2010《输变电设备状态检修试验规程》第 5.5.1 条表 14 规定，极间绝缘电阻≥5 000 MΩ（注意值），判定为设备不合格（见图 1）。

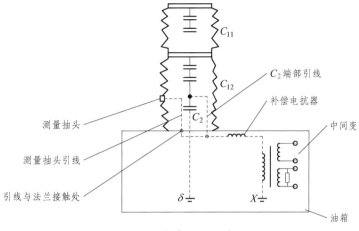

图 1　电容式电压互感器

根据技术协议要求，要求厂家对 C 相分压电容 C_2 极间绝缘不合格进行检查处理。

3.2　厂家处理

在第一次试验（4 月 27 日 10 时 20 分）结束后，对 TV 二次接线盒用热风枪进行了烘干，随后打开接线盒盖板通风，通过太阳暴晒，对 TV 开展了第二次试验（4 月 27 日 15 时 20 分），介损、电容量变化不大，绝缘电阻有所下降为环境温度升高所致。第三次试验前，生产厂家工作人员将该电压互感器送入炉体，进行气相干燥 24 h 后（4 月 28 日 15 时 50 分）TV 的分压电容 C_2 电容量无明显变化且满足要求，极间绝缘均不满足国标要求（5 000 MΩ），C_{12} 和 C_2 介损虽满足规程要求（不大于 0.2%），但其增长率很大。

电容式电压互感器铭牌、试验数据见表 1 ~ 表 7。

3.2.1　铭牌参数

铭牌参数见表 1。

表 1　铭牌参数

型 号	TYD220/ $\sqrt{3}$ -0.01H	生产厂家	××××电力电容器有限责任公司
绝缘水平	460/1050k	额定频率	50 Hz
额定电压比	220000/ $\sqrt{3}$ /100/ $\sqrt{3}$ /100/ $\sqrt{3}$ /100/ $\sqrt{3}$ /100 V		
出厂编号	21101122	出厂日期	2019 年 1 月

3.2.2 试验数据

（1）4月27日10时20分，温度20 ℃，湿度32%RH。

表 2　测量绝缘电阻　　　　　　　　　单位：MΩ

测试部位	C_{11}	C_{12}	C_2	低压端对地
C 相	388 000	388 000	500	380
备注	济南泛化 AF-6000k			

表 3　测量介损 tanδ、电容量

测试部位	铭牌电容/pF	C_x/pF	tanδ/%	电容相差/%	接线方法
C 相 C_{11}	20 330	20 260	0.049	-0.34	反接法
C 相 C_{12}	26 270	26 220	0.098	-0.19	自激法
C 相 C_2	85 400	86 480	0.101	1.26	自激法
备注					

（2）4月27日15时20分，温度31 ℃，湿度40%RH。

表 4　测量绝缘电阻　　　　　　　　　单位：MΩ

测试部位	C_2	低压端对地
C 相	460	350
备注	规程要求 C_2 大于 5 000 MΩ，低压端对地大于 100 MΩ	

表 5　测量介损 tanδ、电容量

测试部位	铭牌电容/pF	C_x/pF	tanδ/%	电容相差/%	接线方法
C 相 C_{12}	26 270	26 250	0.091	-0.07	自激法
C 相 C_2	85 400	86 640	0.093	1.45	自激法
备注					

（3）4月28日15时50分，温度32 ℃，湿度38%RH。

表 6　测量绝缘电阻　　　　　　　　　单位：MΩ

测试部位	C_2	低压端对地
C 相	360	220
备注	规程要求 C_2 大于 5 000 MΩ，低压端对地大于 100 MΩ	

表 7 测量介损 tanδ、电容量

测试部位	铭牌电容/nF	C_x/nF	tanδ/%	电容相差/%	接线方法
C 相 C_{12}	26 270	26 200	0.101	-0.27	自激法
C 相 C_2	85 400	86 410	0.105	1.18	自激法
备注					

通过分析该电容式电压互感器结构，C_2 极间绝缘受电容尾端 N 及一次绕组尾端 X 的绝缘影响，测试方法不能准确反映 C_2 极间绝缘，而三次测试中电容尾端 N 的绝缘均低于 500 MΩ。在第三次试验中，对与电容尾端 N 处于同一端子板的其他二次接线柱进行了对地绝缘电阻测试，绝缘电阻均处于 200～300 MΩ，可判断整个二次端子板受潮。综上，二次端子板受潮绝缘偏低是造成 C_2 极间绝缘不合格及介损增大的原因。

通过查看二次接线盒，内部无积水，二次线无发霉，但二次端子板压板能看出由潮气引起的锈蚀（见图 2）。查阅资料发现该厂家的电容式电压互感器二次端子板材质极易受潮，导致 C_2 极间绝缘及低压端对地绝缘电阻偏低，在更换二次端子板材质后，试验数据合。

图 2 锈蚀

3.3 原因分析

（1）电容式电压互感器二次端子板材在选材过程中对材质方面把关不严，导致二次端子板材容易受潮。

（2）电容式电压互感器在设备组装过程中，施工工艺不标准，厂内工艺把关不良，造成电容式电压互感器二次端子受潮，导致极间绝缘电阻异常。

4 监督意见

电压互感器设备验收时，应严格开展各项检查和试验，加强施工关键点监督和检查。本次事故发生暴露了供应商选材问题及施工单位安装质量不良的问题，对电压互感器供应商进行约谈，促使其改善产品质量，更换工艺后及时进行原材料第三方检测及型式试验报告。

35 kV 电压互感器铁磁谐振导致互感器烧毁

监督专业：绝缘监督　　　　　　　　监督手段：出厂监造

监督阶段：设备运维　　　　　　　　问题来源：设备制造

1　监督依据

GB/T 20840.102—2020《互感器 第102部分：带有电磁式电压互感器的变电站中的铁磁谐振》第11.4条防止铁砸谐振规定，对新的电压互感器改进设计，如改变感扰、铁心采用气隙或开口等方案。

2　案例简介

2017年4月110 kV某变电站在进行35 kV A线断路器由运行转热备用操作时，因切除35 kV A线空载线路时产生操作过电压，导致35 kV Ⅰ段母线电压互感器A、B相爆炸。经检查分析35 kV母线电压互感器A、B相损坏是由于铁磁谐振引起，35 kV A段母线发生1/2分频谐振；A相电压互感器绕组绝缘故障持续恶化，B、C相电压互感器饱和产生工频谐振，引起A、B相断路，后发展为三相短路。

3　案例分析

3.1　现场试验

（1）A相一次、二次绕组明显烧损，有短路现象，一次绕组首端引出套管因爆炸散落在开关柜旁，电压互感器顶部环氧树脂外壳因热膨胀而大部分损坏。现场测试一次、二次绕组对地绝缘电阻为零，即一次绕组对二次绕组及地之间发生短路，A相检查情况见图1。

图 1 A 相电压互感器

（2）B 相一次绕组明显烧损，电压互感器垂直方向一次绕组所在截面破裂，环氧树脂外壳右侧面部分损坏，现场测试一次绕组对地绝缘电阻为零，二次绕组绝缘电阻合格，一次绕组对地之间发生短路，B 相检查情况见图 2。

图 2 B 相电压互感器

（3）C 相电压互感器外观无明显异常，现场测试一次、二次绕组对地绝缘电阻合格，励磁特性合格，仅有环氧树脂烧蚀的黑色粉尘散落在侧面，C 相检查情况见图 3。

图 3 C 相电压互感器

（4）现场检查 35 kV I 母电压互感器 A、B、C 三相均未安装消谐器。

3.2 建模仿真分析

35 kV Ⅰ段母线及线路总电容电流约为 11 A，35 kV A 线全长 17.394 km，35 kV B 线全长 5 km，35 kV C 线全长 27.607 km，依据每千米 35 kV 架空线路电容电流为 0.13 A 计算，35 kV A 线、35 kV B 线、35 kV C 线电容电流约为 5.55 A。则 35 kV Ⅰ段母线设备、电缆电容电流约为 5.45 A，每相对地电容为 0.286 µF。依此结构建模，进行 2 个阶段分析，电压互感器铁磁谐振模型如图 4 所示。

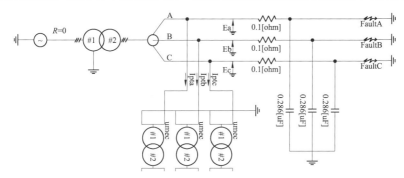

图 4　35 kV Ⅰ段母线电压互感器铁磁谐振模型

3.2.1 一阶段 1/2 分频谐振

仿真采用的谐振激发方式为单相接地故障，0.1 s 时单相接地，持续时间为 0.2 s，0.3 s 单相接地消失激发铁磁谐振。仿真的分频谐振电压波形与故障录波仪电压波形相似，从零序电压波形可以看出，为 1/2 分频谐振，仿真得出分频谐振电压互感器一次绕组的电流峰值不大于 4 A，35 kV 熔断器熔体的熔断电流分散性大，电压波形与电流波形见图 5。

3.2.2 二阶段工频谐振

仿真采用的谐振激发方式为单相接地故障，0.1 s 时单相接地，持续时间为 0.1 s，0.2 s 单相接地消失激发铁磁谐振。仿真采用 Ea 测量母线电压，因此 A 相电压约为 21 kV，实际故障录波仪记录的电压值接近零（因一次绕组与二次绕组短路接地），仿真得到的电压波形及故障录波仪记录的电压波形可以看出 B、C 相电压互感器有不同程度的饱和，单相接地消失后 B 相电压互感器一次绕组电流峰值约为 2.6 A，C 相电压互感器一次绕组电流约为 1.1 A，B 相较 C 饱和严重，A 相电流峰值约 15 A。因 A 相电压互感器已经损坏，所以通过熔断器的电流大。电压波形与电流波形见图 5。

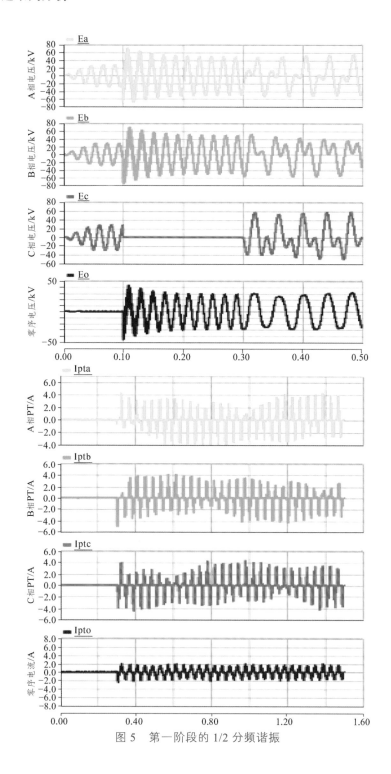

图 5　第一阶段的 1/2 分频谐振

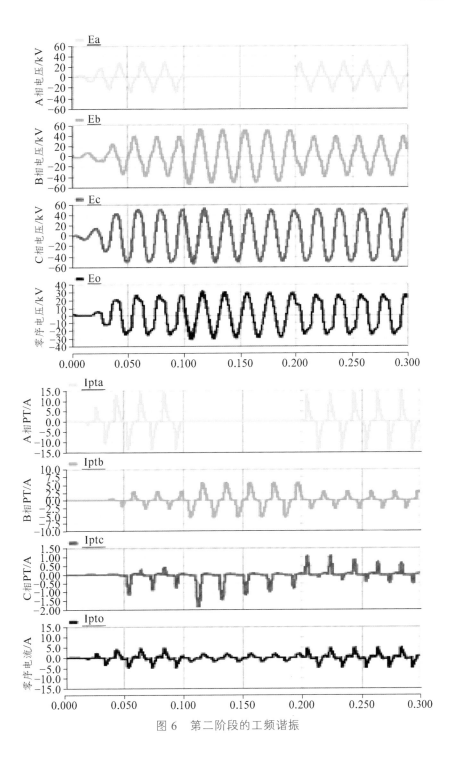

图 6　第二阶段的工频谐振

3.3 原因分析

（1）从仿真计算的电压波形可得出，35 kV 母线电压互感器 A、B 相损坏是由于铁磁谐振引起，35 kV Ⅰ段母线发生 1/2 分频谐振；A 相电压互感器绕组绝缘故障持续恶化，B、C 相电压互感器饱和产生工频谐振，引起 A、B 相断路，后发展为三相短路。

（2）分频谐振引起 A 相电压互感器绕组绝缘故障后长时间熔断器没有将故障电压互感器隔离，且熔断器熔体出现熔断的断口，电弧持续复燃，产生操作过电压，使故障进一步扩大，B 相、A 相电压互感器相继爆炸，带电粉尘导致相间空气间隙击穿。

（3）35 kV 电压互感器熔断器熔体熔断电流为 4 A（有效值），仿真计算 1/2 分频谐振时峰值电流最大为 4 A，因此熔断器不可能快速熔断，长时间过流，熔断器出现了断口，电弧持续复燃。

4 监督意见

电压互感器设备出厂验收时，应严格开展各项检查和试验，加强施工关键点监督和检查，把好投运前技术监督关口，针对频繁出现电压互感器烧毁的变电站，对电压互感器改进设计：铁心采用气隙或开口等。

其他变电设备篇

35 kV 避雷器本体受潮导致试验异常

监督专业：绝缘监督　　　　　　　　　　监督手段：出厂试验
监督阶段：设备运维　　　　　　　　　　问题来源：设备制造

1　监督依据

JB/T 7618—2011《避雷器密封试验》第 3.1 条规定，密封（气、水密封性）试验；第 3.2 条规定，相对年漏气率试验；第 3.3 条规定，热水浸泡法试验；第 3.4 条规定，抽气浸泡法试验；第 3.5 条规定，沸水煮法试验；第 3.7 条规定，氦质谱检漏仪检漏法。

GB 11032—2010《交流无间隙金属氧化物避雷器》第 6.5 条规定，应进行避雷器的密封性能试验。

2　案例简介

某 110 kV 变电站 35 kV 避雷器于 2013 年投运，型号为 YH10WX-54/142，设备运行单位技术人员在 2020 年 1 月对该站 35 kV 避雷器进行带电测试时，发现 35 kV 南关线线路 B 相避雷器阻性电流测试不合格，为了查找 B 相避雷器试验不合格的原因，开展了以下检测和解体检查。设备返厂解体检查，避雷器内部上端密封处有明显的沙眼，紧压弹簧连接的封板有明显的生锈痕迹，潮气侵入主要从沙眼处侵入，从而导致紧压弹簧受潮生锈，进一步导致阀片受潮而出现电蚀痕迹。

3　案例分析

3.1　阻性电流测试

对 35 kV 南关线线路避雷器进行了阻性电流带电测试，试验数据见表1。

表 1 避雷器阻性电流测试

相别	运行电压 /kV	I_x/mA 2020	I_x/mA 2019	I_{R1P}/mA 2020	I_{R1P}/mA 2019	I_{R1P}初始值/mA	ΔI_{R1P} /%	相角 ϕ /(°)
A	20.99	0.290	0.293	0.027	0.028	0.025	8.00	86.08
B	20.94	1.458	0.293	1.952	0.032	0.027	7 129.63	18.51
C	20.94	0.288	0.292	0.030	0.03	0.025	20.00	85.7

从历年数据分析测试值来看，2020 年 IR1P 阻性电流基波峰值增长达 7 129.63%，可初步判断 B 相避雷器本体氧化锌阀片严重受潮、劣化，可能本体内部已有积水。

3.2 放电计数器检查

放电计数器检查 A、C 相泄漏电流相差不大，B 相 1.1 mA，相比 A、C 相明显偏大，计数器试验正常，可排除放电计数器采集电流不正确的可能性，计数器动作次数无明显跨越次数，可排除雷击损坏避雷器的概率。

3.3 红外测温检查

2020 年 1 月 3 日 21 点 32 分技术员对 35 kV 南关线线路避雷器进行红外测温，从红外测温结果看：当时测温负荷为 700 kW，A、C 相温度几乎一样，而 B 相的温度为 16.1 ℃ 与 A、C 相的温度温差达到 6 K，依据 DL/T 664—2008 标准，氧化锌避雷器的温差在 0.5～1 K，B 相的温差已超过规程规定值，红外测温是检查 MOA 内部阀片的运行状态的一种监测，由此可判断氧化锌避雷器阀片受潮或老化。建议对避雷器进行停电开展直流泄漏试验。

3.4 直流泄漏试验

对 35 kV 南关线进行停电试验，B 相线路避雷器主绝缘为 75.8 MΩ，$U_{1\,mA}$ 为 35.6 kV，不满足厂家要求≥80 kV，与前次 $U_{1\,mA}$ 测试值比较减小-55.56%。

Q/CSG 1206007—2017《电力设备检修试验规程》中规定：35 kV 及以下电压等级用 2 500 V 兆欧表进行绝缘电阻试验，绝缘电阻不小于 1 000 MΩ，$U_{1\,mA}$ 实测值与初始值或供应商规定值比较，变化不应大于±5%。

本次的主绝缘电阻及 $U_{1\,mA}$ 测试值均不满足规程要求，该避雷器不具备运行条件。

3.5　不同厂家仪器测试对比分析

使用仪器 1 和仪器 2 对 35 kV 南飞线避雷器进行测试，见表 2。

表 2　仪器 1、2 全电流、阻性电流测试

相别	I_x/mA 仪器 1	I_x/mA 仪器 2	I_{R1P}/mA 仪器 1	I_{R1P}/mA 仪器 2
A	0.248	0.251	0.023	0.026
B	0.253	0.249	0.027	0.024
C	0.246	0.250	0.021	0.023

从仪器 1、仪器 2 的测试数据看：A、B、C 相全电流、阻性电流基波峰值一致，因此可排除测试设备损坏或差异的影响，可以判断仪器 1 测试出的试验数据准确。

3.6　返厂情况

2020 年 4 月 22 日，技术人员对 35 kV 南关线 B 相线路避雷器进行了解体检查。避雷器复合绝缘伞裙、上端密封、下端密封表面无放电及烧蚀痕迹，氧化锌阀片基本完整，阀片侧面存在放电痕迹。上端压板、紧压弹簧、均发现锈蚀痕迹，表明避雷器已发生受潮。同时，由于紧压弹簧与阀片接触，紧压弹簧生锈表明潮气已侵入氧化锌阀片。进一步检查如图 1 所示，避雷器内部上端密封处有明显的沙眼，紧压弹簧连接的封板有明显的生锈痕迹，潮气侵入主要从沙眼处侵入，从而导致紧压弹簧受潮生锈，进一步导致阀片受潮而出现电蚀痕迹。因此，可判定潮气从内部上端密封沙眼破损处进入。

3.7　原因分析

（1）避雷器是由于雨水从本体沙眼处进入避雷器内部而受潮，氧化锌片长时间被雨水浸泡所致，导致避雷器劣化，MOA 发热和阻性电流增加。

（a）MOA 上端紧压弹簧　　　　　（b）MOA 内部上端密封

图 1　解体图片

（2）避雷器在制作工艺上粗糙或干燥工艺把关不严，避雷器在出厂时本体上存在缝隙，导致在 MOA 存在先天性缺陷。

（3）B 相避雷器发生故障的可能原因为：B 相避雷器顶部密封金属材料由于质量的原因经过长时间的运行后出现缝隙，进而使潮气进入使阀片受潮，导致避雷器内部发热温度升高，阻性电流成倍增加。

4　监督意见

（1）避雷器设备验收时，应严格开展各项检查和试验，加强施工关键点的监督和检查。

（2）开展避雷器监造时，应重点关注避雷器密封对接面处制造质量，对密封对接面制造、干燥工艺等开展专项监督，避免户外运行避雷器由于密封不良造成的运行中受潮情况。

10 kV 瓷绝缘子机电、机械破坏负荷试验不合格（一）

监督专业：到货抽检　　　　　　　　监督手段：负荷试验

监督阶段：到货验收　　　　　　　　问题来源：生产制造

1　监督依据

GB/T 1001.1—2003《标称电压高于 1 000 V 的架空线路绝缘子　第 1 部分：交流系统用瓷或玻璃绝缘子元件——定义、试验方法和判定准则》；

GB/T 16927.1—2011《高电压试验技术　第 1 部分：一般定义及试验要求》；

JB/T 10583—2006《低压绝缘子瓷件技术条件》。

2　案例简介

2021 年 7 月 19 日，对某公司生产的型号为 U70B（XP-70）、PS-15T 的 10 kV 瓷绝缘子开展到货抽检并送至检测机构，经检验，该公司生产的型号为 U70B（XP-70）的瓷绝缘子不合格，U70B（XP-70）型不合格项为该批次绝缘子机电破坏负荷不合格，A 类缺陷。

3　案例分析

3.1　现场试验

（1）编号 202107-CX-428-434 型号 U70B（XP-70）瓷绝缘子不合格情况见表 1 和表 2。

表 1　U70B（XP-70）瓷绝缘子机电破坏负荷试验情况（不合格情况）

抽样编号	被抽检供应商	型号	数量
202107-CX-428-434	某公司	U70B（XP-70）	7

表 2 机电破坏负荷试验情况

抽样编号	施加电压/kV	额定机械负荷/kN	试验负荷/kN	试验结果
202107-CX-428	40.0	70	70.77	电击穿
202107-CX-429	40.0	70	61.98	电击穿
202107-CX-430	40.0	70	81.62	电击穿
202107-CX-431	40.0	70	59.56	电击穿

GB/T 1001.1—2003《标称电压高于 1 000 V 的架空线路绝缘子 第 1 部分：交流系统用瓷或玻璃绝缘子元件——定义、试验方法和判定准则》20.4 条规定：

若抽样试验结果的平均值 $\bar{X}$ ≥规定的机电破坏负荷 SFL+C_1×抽样试验结果的标准偏差 δ_1，则抽样试验通过。

本次抽样试验结果的标准偏差 δ_1：10.0；判定常数 C_1：1；SFL=70 kN；抽样试验的平均试验负荷 $\bar{X}$：68.48 kN；（SFL+C_1×δ_1）=80.0 kN。

因 $\bar{X}$ <（SFL+C_1×δ_1），抽样试验不通过，机电破坏负荷试验不合格。

3.2 原因分析

悬式瓷绝缘子机电破坏负荷不合格主要有以下几个方面原因：

（1）瓷件可能存在原材料配比不合格或烧制工艺不满足要求，导致瓷件机械强度不足。

（2）制造工艺不稳定导致成品机电破坏负荷偏差较大。

（3）供应商可能缺失成品的抽样检测环节，导致成品质量不可控。

3.3 悬式瓷绝缘子机电破坏负荷不合格会导致的后果

（1）机电破坏试验不合格，在大档距和大风等恶劣运行环境下，使得绝缘子低值或零值概率增加，导致线路绝缘下降或跳闸，影响线路供电可靠性。

（2）随着运行时间增加，机电破坏负荷试验不合格绝缘子老化速度更快，增加了线路绝缘子故障率，绝缘子寿命较短，加大电网运维工作量。

4 监督意见

（1）对瓷件供应商的原材料配比设计要求及使用进行抽样检查，对烧制工艺是否按照工艺流程开展进行关键节点检查。

（2）对供应商的质量控制环节进行检查，对不具备质量控制体系的供应商明确其需要对生产的产品实施全检或抽检等质量控制措施。

（3）10 kV瓷绝缘子在到货验收时，应严格开展外观检查，及时进行到货抽检工作，把好使用安装前技术监督关口，严防物资带"病"安装使用。对于问题多发的绝缘子、电杆、配变等物资，建议提前介入其生产制造过程，进行现场质量核实监督，提高到货物资的合格率。

10 kV 瓷绝缘子机电、机械破坏负荷试验不合格（二）

监督专业：到货抽检　　　　　　监督手段：负荷试验
监督阶段：到货验收　　　　　　问题来源：生产制造

1　监督依据

GB/T 1001.1—2003《标称电压高于 1 000 V 的架空线路绝缘子　第 1 部分：交流系统用瓷或玻璃绝缘子元件——定义、试验方法和判定准则》；

GB/T 16927.1—2011《高电压试验技术　第 1 部分：一般定义及试验要求》；

JB/T 10583—2006《低压绝缘子瓷件技术条件》。

2　案例简介

2020 年 6 月 25 日，对某公司生产的型号为 U70B/146（XP-70）、PS-15T 的 10 kV 瓷绝缘子开展到货抽检并送至检测机构，经检验，该公司生产的型号为 U70B/146（XP-70）、PS-15T 的瓷绝缘子不合格，U70B/146（XP-70）型不合格项为机电破坏负荷试验，PS-15T 型不合格项为机械破坏负荷试验。

3　案例分析

3.1　现场试验

（1）编号 202006-PE-瓷绝缘子-01～08 型号 U70B/146（XP-70）瓷绝缘子不合格情况见表 1。

GB/T 1001.1—2003《标称电压高于 1 000 V 的架空线路绝缘子　第 1 部分：交流系统用瓷或玻璃绝缘子元件——定义、试验方法和判定准则》20.4 条规定：

若抽样试验结果的平均值 $\bar{X} \geqslant$ 规定的机电破坏负荷 $SFL + C_1 \times$ 抽样试验结果的标准偏差 δ_1，则抽样试验通过。

表1 U70B/146（XP-70）瓷绝缘子机电破坏负荷试验情况

抽样编号	施加电压/kV	额定机械负荷/kN	试验负荷/kN	试验结果
202006-PE-绝缘子-01	40.0	70	93.2	钢脚拉伸
202006-PE-绝缘子-02	40.0	70	79.0	电击穿
202006-PE-绝缘子-03	40.0	70	81.0	电击穿
202006-PE-绝缘子-04	40.0	70	71.5	电击穿
202006-PE-绝缘子-05	40.0	70	90.5	电击穿
202006-PE-绝缘子-06	40.0	70	97.1	铁帽损坏
202006-PE-绝缘子-07	40.0	70	81.9	铁帽损坏
202006-PE-绝缘子-08	40.0	70	47.6	电击穿

本次抽样试验结果的标准偏差 δ_1：15.60；判定常数 C_1：1.42；SFL=70 kN；抽样试验的平均试验负荷 $\overline{X}$：80.23 kN；（SFL+$C_1 \times \delta_1$）=92.15 kN。

因 $\overline{X}$<SFL+$C_1 \times \delta_1$，抽样试验不通过，机电破坏负荷试验不合格。

（2）编号 202006-PE-绝缘子-14～21，型号 PS-15T 瓷绝缘子不合格情况见表2。

表2 PS-15T 瓷绝缘子机械破坏负荷试验情况

抽样编号	额定机械负荷/kN	试验负荷/kN	试验结果
202006-PE-绝缘子-14	5	5.45	绝缘件损坏
202006-PE-绝缘子-15	5	4.94	绝缘件损坏
202006-PE-绝缘子-16	5	4.68	绝缘件损坏
202006-PE-绝缘子-17	5	9.05	钢脚弯曲
202006-PE-绝缘子-18	5	6.33	绝缘件损坏
202006-PE-绝缘子-19	5	6.67	绝缘件损坏
202006-PE-绝缘子-20	5	5.79	绝缘件损坏
202006-PE-绝缘子-21	5	5.89	绝缘件损坏

GB/T 1001.1—2003《标称电压高于 1 000 V 的架空线路绝缘子 第 1 部分：交流系统用瓷或玻璃绝缘子元件——定义、试验方法和判定准则》20.4 条规定：

若抽样试验结果的平均值 $\overline{X}$≥规定的机械破坏负荷 SFL+$C_1 \times$抽样试验结果的标准偏差 δ_1，则抽样试验通过。

本次抽样试验结果的标准偏差 δ_1：1.36；判定常数 C_1：1.42；SFL=5 kN；抽样试验的平均试验负荷 $\overline{X}$：6.10 kN；（SFL+$C_1 \times \delta_1$）=6.94 kN。

因 $\overline{X}$<SFL+$C_1 \times \delta_1$，抽样试验不通过，机械破坏负荷试验不合格。

3.2 原因分析

某公司在生产制造工程中，施工工艺不标准，厂内工艺把关不良，万能试验机的螺母松动，造成压接质量下降，致使机电破坏负荷试验、机械破坏负荷试验不满足要求。

4 监督意见

加强对 10 kV 瓷绝缘子生产商的制造工艺关键环节及关键设备监督检查。督促供应商形成有效的质量控制体系。

绝缘子弯曲破坏负荷试验不合格

监督专业：技术监督　　　　　　　　监督手段：检测试验
监督阶段：到货入库　　　　　　　　问题来源：到货抽检

1　监督依据

GB/T 1001.1—2003《标称电压高于 1 000 V 的架空线路绝缘子　第 1 部分：交流系统用瓷或玻璃绝缘子元件——定义、试验方法和判定准则》；

GB/T 16927.1—2011《高电压试验技术　第 1 部分：一般定义及试验要求》。

2　案例简介

某供电局配网储备项目瓷绝缘子由某公司提供，于 2020 年 5 月开始分批次到货，2020 年 6 月进行到货抽检，经检验，型号 ED-2 的瓷绝缘子不合格，不合格项为弯曲破坏负荷试验，不合格项按照缺陷分类 A 级（见图 1）。

（a）非正常颜色　　　　　　　　　（b）正常颜色

图 1　试验时绝缘子

3 原因分析

该公司对原材料的质量管理不严格，对生产过程的质量管控不到位，产品出厂质量管理流程不完善，导致交付的绝缘子质量不合格。

4 监督意见

加强对 10 kV 瓷绝缘子生产商的制造工艺关键环节及关键设备监督检查。督促供应商形成有效的质量控制体系。监督厂家要加强生产过程管控，把好工艺质量关，施工过程中要重视对设备、材料等成品和半成品的保护，应当做到应检尽检，不能出现非正常颜色样品。

工具管理不善导致主变重新吊罩

监督专业：日常巡查　　　　　　　　监督手段：现场验收
监督阶段：准备发货　　　　　　　　问题来源：设备生产

1　监督依据

依据签订合同第三节专用合同条款"4.1.4.3 如有影响合同设备质量和工期的重大事件发生，卖方应及时通报监造代表和买方。4.1.4.4 卖方应当根据买方批准的整改方案进行整改。监造代表和买方相关人员有权参与、跟踪、检查整改工作并提出意见，卖方应根据监造代表的意见采取相应措施，保障交货质量。"

2　案例简介

某供电局 110 kV 某工程 110 kV 变压器设备由某变压器厂供应商生产供货，2021 年 4 月 25 日至 30 日已完成出厂验证，等待发货。2021 年 5 月 2 日，监造代表日常巡查时，发现（型号：SSZ11-50000/110GY，编号：S10005）产品再次吊芯检查，而承制方未按合同要求将"再次吊芯检查"及时通报监造方。重复检查与承制方的工艺文件不符，且该产品即将到发货期。鉴于此状况，监造代表发工作联系单，要求该变压器厂于 2021 年 5 月 3 日前对联系单予以回复。该变压器厂回复原因是在 5 月 1 日总装组工具管理员对本班组工具进行点检时，发现缺少 1 把 17-19 开口扳手（编号：Z2B-248），经多方寻找未找见，于是该员工立即将此事逐级汇报给工段长及中心经理；为防止工具遗落到产品内部，特排查车间内自 5 月 1 日之前三天内所有出炉及吊芯产品（三天内出炉及吊芯品：20821YT、00986T、S10005），并进行逐台吊罩检查，均未发现有遗落在内的工具；同时生产中心为保障所有吊罩产品的质量，要求对吊罩产品重新真空注油，并做相关试验。

3 原因分析

3.1 确定原因

2021 年 5 月 2 日，监理方日常巡查发现问题后及时通知某供电局，物流服务中心要求监理方发监造工作联系单给某变压器厂，要求该厂 2021 年 5 月 3 日对联系单给予回复。5 月 3 日供应商给予书面说明，原因是在 5 月 1 日总装组工具管理员对本班组工具进行点检时，发现缺少 1 把 17-19 开口扳手（编号：Z2B-248），经多方寻找未找见，于是该员工立即将此事逐级汇报给工段长及中心经理；为防止工具遗落到产品内部，特排查车间内 5 月 1 日前三天所有出炉及吊芯产品（三天内出炉及吊芯品：20821YT、00986T、S10005），并进行逐台吊罩检查。

3.2 重新吊罩

5 月 4 日，产品开始抽真空（见图 1）。

图 1　抽真空

5 月 5 日，产品抽真空后处在静压状态，静压值为 0.058 MPa。

5 月 6 日，产品再次提罩后等待试验；提供纸质盖章版说明及质量保证函（见图 2）。

5 月 7 日，产品拆卸现场见证。

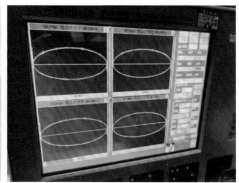

图 2　变压器试验

3.3　处理结果

2021 年 5 月 10 日，问题产品密封焊接完成，密封检查；充压介质为干燥空气，压力 0.03 MPa，保压时间为 4 h，无泄漏，自检合格。

3.4　原因分析

厂家装配工人责任心不强，当天工作完成后没有有效的工具回收制度，导致工具遗失在产品内部。

4　监督意见

变压器每天安装完成验收时，应严格开展各项检查，加强安装工具的回收，监理方应高度关注技术监督关口，严防设备带"病"投入运行。厂家要加强生产过程管控，把好工艺质量关，制定相应的安装工具管理制度并严格执行。

钝化液浓度不足导致塔材颜色变黑变暗

监督专业：外观监督　　　　　　　　监督手段：现场验收
监督阶段：设备安装　　　　　　　　问题来源：设备生产

1　监督依据

GB/T 2694—2018《输电线路铁塔制造技术条件》第 6.9.2 条款规定：镀锌层外观：镀锌层表面应连续完整，并具有实用性光滑，不应有酸洗、起皮、漏镀、结瘤、积锌和锐点等使用上有害的缺陷。镀锌颜色一般呈灰色或暗灰色。

GB/T 13912—2002《金属覆盖层　钢铁制件热浸镀锌层技术要求及试验方法》第 6.1 条款规定：只要镀层的厚度大于规定值，被镀制件表面允许存在发暗或浅灰色的色彩不均匀区域，潮湿条件下储存的镀锌工件，表面允许有白锈（以碱式氧化锌为主的白色或灰色腐蚀产物）存在。

2　案例简介

某供电局某电铁 220 kV 外部供电工程塔材由某厂供货的部分，于 2020 年 4 月到货，2020 年 5 月进行到货抽检，检测结果合格。2020 年 10 月初，线路铁塔安装完成初验过程中，验收人员发现部分塔材颜色有不同程度变黑变暗，与正常塔材对比色差较大。经检测，分析为塔材生产后期钝化加工工艺中钝化液浓度偏低，钝化效果受到影响，造成部分塔材出现了色差现象。

3　处理过程

3.1　召开协调会

2020 年 10 月 22 日召开协调会，形成会议纪要，明确由施工、监理、厂家对本批次塔材进行全面检查，核实变黑变暗塔材数量，并由厂家进行分析，提出处理方案。对问题塔材进行镀锌层厚度、均匀性、附着性检测，如检测达标，则采用技术修补，不达标则整基更换。

3.2 现场核实情况

某供电局某电铁 220 kV 外部供电工程线路共有 225 基塔由某厂生产，变黑变暗塔材共有 23 基（见图 1）。

（a）正常塔材颜色   （b）变暗塔材

图 1 塔材颜色

3.3 现场检测情况

2020 年 10 月 29 日，专业人员到现场进行镀锌层厚度检测，并取样进行均匀性、附着性检测。

2020 年 11 月 11 日，出具检测结果，现场检测塔材镀锌层外观和厚度 63 件，镀锌层均匀性、附着性各 1 件满足标准规范要求，质量判定合格。

3.4 处理结果

2020 年 12 月 23 日至 24 日，问题塔基处理完毕，物流服务中心组织生产技术部、规建中心及施工、监理单位相关人员对现场修复处理结果进行验证。随机抽取了 11 基塔进行现场验证，其中全塔修复 7 基，部分修复塔 4 基，验证人员对修复结果予以认可，同意验收。

3.5 原因分析

受疫情影响，厂家在生产该工程 J1 塔型时，未能及时采购到钝化剂原料，致使生产中钝化液浓度偏低，钝化效果受到了一定的影响。加之该批铁塔发货到现场后，堆放时间较长，潮湿的环境也加速了工件的氧化，部分塔材出现了色差现象。

4 监督意见

塔基安装完成验收时，应严格开展各项检查，加强施工关键点监督和检查，把好投运前技术监督关口，严防设备带"病"投入运行。厂家要加强生产过程管控，把好工艺质量关，施工过程中要重视对设备、材料等成品和半成品的保护。

特殊样品抽检物流运输不便导致抽检不合格

监督专业：物资抽检　　　　　　　　　　监督手段：样品交接
监督阶段：物资送样　　　　　　　　　　问题来源：样品送样

1　监督依据

《阀控式铅酸蓄电池到货抽检标准》。

2　案例简介

2020 年 7 月，某供电局对 220 kV 某变第 1 组蓄电池更换工程所使用的蓄电池进行抽检。按规定每组蓄电池应当多发一只，用于各地市局的到货抽检。但由于目前某地区货运或快递不允许运送蓄电池至检测基地，某局供应链服务中心协调单位车辆运送，后 202007-WS-蓄电池-005 蓄电池检测结果密封性不符合标准要求，综合判定为不合格。而后第二次送检，采取多样保护措施，检测合格，蓄电池更换工作总体推后一周。

3　案例分析

3.1　原因分析

本次检测，因为蓄电池正极处裂纹（见图 1），导致最终密封性检测不合格。在所有试验合格的情况下，仍然出现蓄电池密封不合格，就结果推断为样品运输过程中出现样品损坏。

图 1   蓄电池正极柱处裂纹

3.2   案件后续结果

某供电局意识到对于特殊样品（不能从正常渠道发送至检测基地的样品）的送样保护，从蓄电池组中再次抽取一只进行送样检测，其间对样品包装进行严格把关，二次送样检测结果合格，但整体蓄电池更换工作进度延后一周。

3.3   举一反三

蓄电池送检工作，因为样品特殊，无法从顺丰、邮政等物流渠道运送。这就要求对样品的送检更应加大保护力度，加大重视力度。经过本次案件之后，该供电局对需要单独派车送样的样品进行识别，将该问题列入《某某供电局品控管理风险数据库》，并做好保护措施，要求品控需求部门派人随行，直至抽样物资安全、完整运送至检测基地。

4　监督意见

　　（1）对于送样样品的保护落实主体责任，责任到人，加强制度修编，识别并明确送样风险，保证样品安全、完好送进检测基地。

　　（2）蓄电池属于危险物品，无法从顺丰等物流渠道运送，专门派车送样，送样应派人随行，保护好样品，确保样品安全送达。

铁附件零部件加工精度不合格

1 监督依据

《某公司 35 kV 及以下电压等级线路铁附件到货抽检标准》。

2 案例简介

2021 年 6 月 22 日，某供电局组织对某供电局配网物资储备项目铁附件采购合同进行了到货抽检，该合同签订总量为 1 000 t，本批次到货量 21.8 t，抽取样品型号为 75×8×1000、BGSS190 和 63×6×1500，检测发现编号为 202106-KMJ-铁附件-002（型号 BGSS190）的铁附件零部件尺寸与供应商提供的图纸尺寸偏差较大。供应商反馈由于技术人员失误画错导致第一份图纸偏差较大，随即提供第二份图纸，检测结果与第二份图纸比对后仍不满足《某公司 35 kV 及以下电压等级线路铁附件到货抽检标准》允许偏差要求，最终该局与该项目设计方联系，按照设计图纸要求与检测尺寸进行比对，发现设计图纸与供应商提供的第一份图纸相符，因此该型号铁附件最终判定为不合格。

3 原因分析

该供应商同时供不同电网的铁附件，在发货阶段没有仔细核对的情况下，误将其他供电公司的类似产品（杆顶瓷瓶架）发给了某供电局。

4 监督意见

铁附件和塔材抽检时，应由设计方提供设计图纸，以保证检测结果准确。

水泥电杆缺陷案例分析

监督专业：品控监督　　　　　　　　监督手段：到货抽检
监督阶段：到货验收　　　　　　　　问题来源：生产工艺

1 监督依据

《关于加强水泥电杆到货验收的通知》。

2 案例简介

2021 年 3 月 27 日，施工单位某公司施工一组在 2021 年第一批配网基建项目 10 kV 新村线配电台区新建工程电杆组立中，出现 1 基水泥杆组立时出现断裂情况。

3 案例分析

2021 年 3 月 27 日，施工单位某公司施工一组领用该批次电杆 25 基用于基建项目 2021 年第一批配网基建项目 10 kV 新村线配电台区新建工程，在组立最后一基时水泥杆杆身与地面结合处出现断裂，断裂电杆见图 1。

图 1　水泥杆杆身与地面结合处出现断裂

通过现场照片发现，断裂电杆壁厚不合格，壁厚不均匀，离心后未倒去余浆，导致电杆内壁余浆多。通过对水泥杆力学性能的检测，发现试验不合格。

4 监督意见

（1）飞检阶段，关注在生产过程中应保证电杆离心平稳，挡板厚度符合设计要求，在离心最后阶段用的螺纹钢压大头内壁旋转，即可保证壁厚均匀，也能去余浆。离心后，钢模倾斜，倒去余浆，在离心时注意检查，偏薄杆进行补料再离心，偏厚杆刮除余料。

（2）检查供应商在批量生产前是否进行力学试验来验证设计图纸，在生产过程中要控制混凝土强度的稳定性。若改动电杆的配筋需有相应验证。

（3）持续加强质量预警机制，每年对中标供应商书面交底技术标准要求，持续强化质量要求前置。

环形混凝土电杆存在表面裂缝导致该批产品不合格

监督专业：金属材料　　　　　　　监督手段：现场检测
监督阶段：出厂前质量抽检　　　　　问题来源：制造工艺

1　检测依据

GB 4623—2014《环形混凝土电杆》第 6.2 条中表 7 规定，预应力电杆不应有环向和纵向裂缝。

2　案例简介

2021 年 3 月 16 日，第三方检测人员对某公司 $Z\phi 190\times（6+6）\times K\times Y$ 规格的预应力电杆进行到货检测，发现 10 根样品杆中 3 根样品杆头合缝处存在表面裂缝。

3　案例分析

3.1　现场试验

2021 年 3 月 16 日，第三方检测人员对某公司 $Z\phi 190\times（6+6）\times K\times Y$ 规格的预应力电杆进行到货检测，在检测外观质量时发现 10 根样品杆中 3 根样品杆头合缝处存在表面裂缝（见图 1）。依据 GB 4623—2014《环形混凝土电杆》第 6.2 条中表 7 规定，预应力电杆不应有环向和纵向裂缝。判定该批产品不符合标准要求。

3.2　原因分析

（1）因锥形杆在离心时混凝土料会往根端（较重方向）移动。

（2）电杆脱模时的混凝土强度不足，脱模后预应力放张，挤压混凝土，造成纵向裂纹。

（3）在放张过程中（特别是脱模后预应力放张），预应力主筋挤压混凝土，造成纵向裂纹。

图1　3根样品杆头合缝处表面裂缝

4　监督意见

监造过程中加强以下工艺流程的抽检管控：

（1）加强梢端壁厚控制：因此在下料时梢端 1 m 范围应该插实。梢端壁厚设计至少为 45 mm，同时梢端螺旋筋密缠几圈。

（2）提高脱模时混凝土强度：加强蒸汽养护，提高脱模时混凝土强度。

（3）加强放张工艺的管理：预应力钢筋应该同时放张，如果不能同时放张的应该分阶段、对称、相互交错进行放张。避免暴力放张。